U0614703

成功的关键不在于能否抓一手好牌，而在于如何打好手中的牌

如何打好手中的牌

RU HE DA HAO SHOU ZHONG DE PAI

问道 著

光明日报出版社

图书在版编目（CIP）数据

如何打好手中的牌 / 问道著 . -- 北京：光明日报出版社，2011.6 （2025.1 重印）

ISBN 978-7-5112-1127-9

Ⅰ.①如… Ⅱ.①问… Ⅲ.①成功心理—通俗读物 Ⅳ.① B848.4-49

中国国家版本馆 CIP 数据核字 (2011) 第 066299 号

如何打好手中的牌

RUHE DAHAO SHOUZHONG DE PAI

著　　者：问　道

责任编辑：温　梦　　　　　　　　　　责任校对：文　蘂

封面设计：玥婷设计　　　　　　　　　封面印制：曹　净

出版发行：光明日报出版社

地　　址：北京市西城区永安路 106 号，100050

电　　话：010–63169890（咨询），010–63131930（邮购）

传　　真：010–63131930

网　　址：http://book.gmw.cn

E – mail：gmrbcbs@gmw.cn

法律顾问：北京市兰台律师事务所龚柳方律师

印　　刷：三河市嵩川印刷有限公司

装　　订：三河市嵩川印刷有限公司

本书如有破损、缺页、装订错误，请与本社联系调换，电话：010–63131930

开　　本：170mm×240mm

字　　数：180 千字　　　　　　　　　印　张：14

版　　次：2011 年 6 月第 1 版　　　　印　次：2025 年 1 月第 4 次印刷

书　　号：ISBN 978-7-5112-1127-9

定　　价：45.00 元

序 言
PREFACE

人生犹如牌局，当你翘首以盼满手的好牌时，却常常失望。于是开始伤心、失落、一蹶不振，甚至放弃，于是次次失落，你甚至开始怀疑运气不好。拿着满手的牌，人们总是觉得别人的牌好，所以总耿耿于怀。等到摊开牌之后才惊呼："别人连我的牌的一半也不如！"但胜利的表情已经洋溢在别人的脸上。

人生犹如牌局，扑朔迷离，不到最后一刻谁也猜不出究竟哪一个是赢家。有时，你觉得肯定会赢，反而会输得很惨；有时你感觉可能会输得很惨，到后来却可能大获全胜。获胜的关键不在于拿到手的牌的好坏，而在于你打得好不好。

在通往赢牌的道路上，每个人、每个企业都是黑暗中的舞者，在不断的摸爬滚打中摸索前进，每一次迈步都是艰难的。在艰难之间，我们可以做的就是坚持，很可能，下一刻你就会见到胜利的曙光。

生活反复无常，每个人和每个企业都有抓到坏牌的时候，或者是因为本身所拥有的条件不好，或者只是在行走的过程中遇到了阻挠：辍学、失业、失恋，企业资金短缺、人才匮乏、市场不好、缺乏核心竞争力等，这些都是在我们头上重重敲击的那一锤，但这些并不意味着牌局就已经定了，相反，满手坏牌依然可以成功。

有这样一个人：22岁，生意失败；23岁，竞选州议员失败；24岁，生意再次失败；25岁，当选州议员；26岁，情人去世；27岁，精神崩溃；29岁，竞选州长失败；34岁，竞选国会议员失败；37岁，当选国会议员；39 岁，国会议员连任失败；46 岁，竞选参议员失败；47 岁，竞选副总统失败；49 岁，竞选参议员再次失败；51 岁，当选美国总统。这个人就是林肯，美国历史上著名的总统。

实际上，制约一个人、一个企业发展的关键根本不是目前所持牌的好坏，而在于我们每个人怎样继续打牌，因为，很多人就是在成功即将到来的那一刻前放弃了。成功在于坚持不懈地努力，否则一切也只能是镜花水月。

人生都会面临种种困境的束缚，当困境来临时，我们除了坚持还应当如何应对？面对输赢，怎样选择与放弃？怎样才能突破困境的重重包围，到达胜利的彼岸？如何将自己手中的坏牌变成一副好牌？本书将会向你一一揭晓这些答案。

本书立足于个人、企业在日常生活中遇到的种种困境，以打牌作喻，形象地展现生活、工作中最真实的一面。这是一部兼具哲理性和实用性的书籍，贴近生活，目的在于帮助那些正在困境中挣扎的人们，哪怕只是一个启发，一个思路，甚至一个小改变，都会给你带来令人欣慰的结果。希望你能够从困境中突围，真正打好手中的牌，让自己的人生更加绚烂多彩！

目 录
CONTENTS

第一章

成功不在于拿一副好牌，而在于把牌打好 1

风暴呼啸，你有几张"王牌"自救 3

珍视自我与羡慕别人的较量 5

你就是自己最大的"王牌" 7

"王牌"只有一两张 9

别人的牌可能更坏 12

丑女也无敌，坏牌自有可取之处 15

烂牌也要拼 18

牌不在好坏，而在于想赢的信念 20

第二章

选择不了好的起点，但可以赢一个漂亮的终点 23

挑战极限，和"不可能"过招 25

掌控情绪"转换器"，生气不如争气 27

人生苦旅，等闲视之 30

借别人的棉袄过冬 33

成功没有霸王条款，勇于挑战就能跨越起点 36

要敢于决断 38

愚者赚今朝，智者赚明天 40

"破冰之船"如何行万里 43

第三章

决定输赢的不是牌的好坏，而是你的心态 **45**

心向着太阳，就能"开花" 47

抓牌靠的是运气，打牌靠的是心气 49

欲望如同吃自助：扶墙进，扶墙出 52

输赢那点事儿 54

莫要陷入"抱怨门" 56

打好牌：勿忘"屏蔽"浮躁 58

"晒晒"自己的优点 60

第四章

没有绝对的好牌，只有相对的转机 **63**

不炒自己鱿鱼，保留赢牌的机会 65

机遇没有彩排，只有直播 ………………… 67

主动发牌，莫对机会欲说还"羞" ………… 69

没有机会降临，就需自己铺路 …………… 72

职场锦囊：让信息为你服务 ……………… 74

有"心机"才能发现转机 ………………… 76

失败也是一次机会 ………………………… 78

第五章

总有一种优势可以扭转牌局 ……………… **81**

总有一张拿得出手的好牌 ………………… 83

成功攻略：兔子学跑步，鸭子练游泳 …… 85

雷人牌招：把简单的招数练到极致 ……… 87

优势不是一张"画皮" …………………… 89

微笑也是一种优势 ………………………… 93

"考碗族"不一定能端好碗 ……………… 96

没有绝对的好牌与坏牌 …………………… 98

第六章

选不了好牌，但可以放弃无用的牌 ………… **101**

向左、向右，还是向前看 ………………… 103

深思熟虑不打错牌＝拿到一手好牌 ……… 105

放弃与失去 ····················· 108

着眼长远，抛开眼前利益 ··········· 110

适合的是最好的 ················· 112

不做"穷忙"族，忙要忙在点子上 ····· 113

做人学学橡皮筋 ················· 116

手中握的是你的牌局，也是你的人生 ········· 118

第七章

思路决定出路，把坏牌变成好牌 ·········· 121

每打一张牌，都等于重新发牌 ········· 123

牌局困境：溺水而死还是学会游泳 ····· 125

巧打翻身仗：以己变应万变 ········· 127

苹果里有一颗"星星" ············· 130

用思路"买断"未来 ············· 133

不冒险：是"馅饼"还是"陷阱" ········· 135

寻找"加油站" ················· 138

只为成功找方法 ················· 140

第八章

一生成功的秘密在于顺利走出困境 ·········· 143

突破苦难的围城 ················· 145

用失败打磨"刀枪不入"的"内功" ……………… 147

资源：绝境逢生的一剂特效药 ……………… 149

危机就是自己的"闹钟" ……………………… 152

"脑筋急转弯"扭转牌局 ……………………… 154

射中扭转牌局的"靶子" ……………………… 156

不做"无所谓"的人，要做"无所畏"的人 ……… 159

困境中也有机遇 ……………………………… 162

第九章
牌是死的，人是活的 ……………………… 165

输牌了，不要找借口 ………………………… 167

坚定梦想，方能笑傲江湖 …………………… 169

行动，让梦想照进现实 ……………………… 171

新时代，难道还要"望梅止渴" ……………… 175

狼来了，谁来拯救你 ………………………… 178

100个"0"顶不上1个"1" …………………… 180

跟不上变化就得失败 ………………………… 183

成功只是因为多做了一点点 ………………… 185

用心不专是大忌 ……………………………… 188

学会没事找事做 ……………………………… 190

第十章

合作共赢，逼迫命运重新洗牌 **193**

合作才能出好牌 195

"牌友"为你保驾护航 197

大家赢才是真的赢 199

把"双赢牌"蛋糕越做越大 201

感情投资，掏今天的小钱买明天的大单 203

成功也需要贵人助 205

和对手发展发展关系 207

第一章

成功不在于拿一副好牌，
而在于把牌打好

风暴呼啸，你有几张"王牌"自救

> 一个人成功并不是因为自己手中拿了多少置别人于死地的牌，而在于如何将手中持有的牌打好。即使是满手看起来并不是很好的牌，一定会有人将坏牌打得风生水起，也一定会有人将它打得一败涂地！

每一个人、每一个企业的发展都不会是一帆风顺的，都会遇到各种各样的困境。人们都会遇到生老病死，或面临就业的压力以及失业的痛苦，或面临爱情、婚姻上的失意等。而对于一个企业来说，很可能遭遇利润太低、资金短缺、人才储备不足、不具备核心竞争力等问题。这些问题让我们焦头烂额，甚至彻夜难眠。

而当前全球金融危机所引发的一系列问题，在让企业面临前所未有的困境的同时，也让很多人真正感受到了重担在肩的压力。受次贷危机的影响，欧美一些大型银行相继破产，而随之受到重大损失的则是在这些银行存款的储户。随着次贷危机演变为全球金融危机，实体经济受到影响，全球出现企业倒闭潮。2008 年 10 月 15 日，全球最大的玩具商之一——合俊集团旗下两工厂的倒闭，成为中国在金融危机影响下第一个倒闭的实体经济企业。实际上，在半年之内，由于受困于高涨的成本和低附加值，劳动密集型企业的利润空间遭到严重挤压，珠江三角洲地区已经有数千家工厂陆续倒闭，涉及制鞋、纺织业、玩具、家具等行业。

企业在面临严重压力的同时，个人也因此受到了严重影响。市场不景气导致了企业内部资金的短缺，于是各大企业非"减"即"裁"的风波席卷全球。2008 年 6 月份，戴尔的裁员引起了不小的风波，但随后，微软、惠普等公司也相继公布了裁员计划。而美的、海尔、谷歌、雅虎等知名企业也纷纷裁员，以应对金融危机……企业为应对危机采取减薪或者裁员等措施，影响的不仅仅是最初级的劳动者，就连那些拿着高薪令人羡慕的白领也感到危机重重，随时面临被裁员的可能。

王强是某纺织厂的老板，因为受到金融危机的影响，企业的销量下降了一半，他的生活也发生了一些改变：原来他常开的是奔驰，如今已经将车子闲置于家而改骑电动车，以节省燃油费用。相对于以往的情形来说，他最明显的感觉就是订单的大幅度减少。往年同一时期接到的订单超过两万件，要加班加点地工作，但现在是能不生产就不生产，以减少开支。他裁掉了一部分工人，用以减少企业的开支。如果生意依旧如此，他也可能会退出这个行业，另寻出路。

处于如此困境的人又岂止王强一个？面对这样的环境，每一位员工的心也都提到了嗓子眼，因为下一个被裁的人可能就是自己，于是办公室里空气异常紧张，大家不知道明天是否还有可能坐到现在的这个位置上。而对于面临毕业的大学生来说，他们也是苦不堪言，面对企业裁员、招聘新人的数量骤减，他们只能是硬着头皮往上撞了，撞上了也要面临种种考验，也不一定能稳坐其位，于是各种烦恼、压力接踵而来，接着是失眠、焦虑……

如果有一天，狼真的来了，我们难道就束手就擒？我们该怎么办？

其实，每个人、每个企业几乎都会面临这样的困境。当面临困境的时候，为什么一部分企业能够从中走出来，一部分人能够在这种困境中脱颖而出，这是一个值得思考的问题。面临困境的时候，我们应该有怎样的头脑，你是积极主动地摆脱困境还是消极被动地接受困境，我们要花费多大的心力去突破困境的重重包围，也是我们应该思考的问题。

如果说人生是一场牌局，那成功者并不一定就是拿了好牌的人。如果运用的策略得当，满手坏牌的人也有可能成功。所以说，成败的关键不是你手里牌的好坏，而是你会不会打。在当前的大环境下，如何打好手中的牌，是我们每个人、每个企业都应该思考的问题。

珍视自我与羡慕别人的较量

> 有些人总是羡慕别人手中的牌好，但别人的牌再好也是他们掌握的，你能出的只有你手里的牌。与其羡慕别人的牌，不如想想怎样打好自己手中的牌。

对于我们每个人自身来说，在珍视自我与羡慕别人之间也在不断地斗争、较量。我们知道要爱惜自己，但总是会对别人的生活羡慕不已，例如：看到别人有车有房，你就自惭形秽；看到别人有一份收入不菲的好工作，你的心理也极不平衡；看到别人工作轻闲，经常外出休假，你就异常羡慕……或多或少，人们都会有这样的想法。其实，每个人有每个人的活法，每个人有每个人的世界，你不用羡慕别人的生活。有车有房的人，也许正在为还银行贷款而发愁；收入不菲的人，可能他活得特别累；外出休假的人，可能是为了躲避债务……你羡慕他，可能他们同时也在羡慕你，人生就是这样。珍惜你现在的生活才是最重要的。

有两只老虎，一只生活在笼子里，一只生活在野地里。在笼子里的老虎三餐无忧，在外面的老虎自由自在。两只老虎经常进行亲切的交谈。笼子里的老虎总是羡慕外面的老虎自由，外面的老虎却羡慕笼子里的老虎安逸。一日，一只老虎对另一只老虎说："咱们换一换。"另一只老虎同意了。于是，笼子里的老虎走进了大自然，外面的老虎走进了笼子。从笼子里走出来的老虎十分高兴，在旷野里拼命地奔跑；走进笼子的老虎也十分快乐，因为它再也不用为食物发愁了。

但不久，两只老虎竟都死了，一只是饥饿而死，一只是忧郁而死。从笼子中走出来的老虎获得了自由，却没有同时获得捕食的本领；走进笼子的老虎获得了安逸，却没有获得在狭小空间生活的心境。

如果你正在羡慕别人的生活，不如好好体味一下上面这个故事。合适的才是最好的。许多时候，人们往往对自己拥有的幸福熟视无睹，而觉得别人的幸福却很耀眼。仔细想想，也许别人的幸福对自己不适合，别人的幸福也许正是自己的坟墓。

这个世界多姿多彩，每个人都有属于自己的生活方式，何必去羡慕别人？安心享受自己的生活和幸福才是快乐之道。你不可能什么都得到，什么都适合去做。珍惜自己手中的牌，好好经营自己，才能拥有一个最真实、最圆满的人生。有人说过："人生若要不留下许多空白，唯一的办法是珍惜曾经拥有的，追求你所没有的。"

人的一生中值得珍惜的东西有很多，最重要的不外 3 点，那就是时间、机会和痛苦。

人们常说年轻人都是富有的，那是因为他们拥有这个世界上最宝贵的财富——时间。时间就是生命，但我们却常常用有限的时间去羡慕别人，而不是珍视自己，那岂不是本末倒置？

西方有一位哲学家说，在许多事情上，我们应少用心去创造机会，应该更好地抓住现有的机会。与其羡慕别人，还不如好好抓住机会，让别人羡慕自己。羡慕别人是因为自己的缺少或者失去。但是失去了一次并不意味着永远失去，只要有机会就得牢牢地抓住，才能使我们不至于掉入总是羡慕别人的深渊。

当我们花费大量的时间羡慕别人，并为此而感到自卑的时候，别人或许花了更多的时间做了一些值得做的事情。所以，不如将羡慕别人的时间花在努力赶超别人上。其实每个人都有优点，你只是看到了别人最光彩的一面。拿自己不出色的一面与别人最出色的一面进行比较，当然会失落。人有时候总是不能公平地看待自己，有人高看了自己，而不少人则高看了别人。

人没有必要羡慕别人，而应该将时间花在珍视自我上，看到自身的优势，充满自信地去应对生活，努力为自己的前途奋斗。

人生就像打牌一样，很多人总是羡慕别人手中的牌，而对自己手中的牌从来都不认真对待。其实，即使你非常羡慕别人，又有什么用呢？最后你还是得老老实实地打你自己的牌。

你就是自己最大的"王牌"

> 很少有人会天生得到一副好牌。如果不幸摊上一副糟到不能再糟的坏牌，我们也要尽可能找出一两张还算不赖的牌，用它作为王牌，使结局变得相对好一点。

每个人手里其实都有自己的"王牌"，那便是潜能，这张牌就是每个人翻身的机会。

有这样一个故事：

马祖大师问慧海说："你风尘仆仆从哪里来？"

"从越州大云寺来。"慧海回答。

"来这里干什么？"

"来求佛法。"

马祖大师哈哈大笑，说："我这里什么也没有。"

见慧海一时愣着不说话，于是马祖大师说："我是说你自有宝藏，干吗还来我这里觅宝？"

"什么是我的宝藏？"慧海莫名其妙。

"佛就在你身上，一切俱足，更无欠少，你都不知道，让我怎么给你？"马祖大师摇头说道。

有个农夫拥有一块土地，生活过得很不错。但是，不久他听说，只要有一块钻石就可以很富有。于是，农夫把自己的地卖了，离家出走，四处寻找可以发现钻石的地方。农夫来到遥远的异国他乡，然而却未能发现钻石。最后，他囊空如洗。一天晚上，他在一个海滩自杀了。

真是无巧不成书！那个买下农夫土地的人在地边散步时，无意中发现了一块异样的石头，他拾起来一看，只见它晶光闪闪，反射出光芒。那人仔细察看，发现这是一块钻石。这样，就在农夫卖掉的这块土地上，新主人发现了从未被人发现的巨大的钻石宝藏。

这两个故事是发人深省的，它告诉我们：财富不是仅凭奔走四方去发现的，它属于那些懂得去挖掘的人，只属于相信自己能力的人。这两个故事还告诉了我们：每个人身上都拥有"钻石宝藏"！你身上的"钻石宝藏"就是你的王牌，它们就是你的潜能。你身上的这些"钻石"足以使你的理想变成现实。你必须做的只是找到你的王牌，为实现自己的理想付出辛劳。只要你不懈地运用自己的潜能，你就能够做好你想做的一切，从而成为自己生活的主宰。

在现实生活中，有的人常常感到实际中的"我"离理想中的"我"太遥远了。他们一方面在为自己设想一条成功之路，另一方面又悲叹自己无力去实现。卡耐基说："人人都是一座金矿，每一个人都有自身的潜能。"为什么有的人在自己平凡的工作中能干出不平凡的业绩，而有的人终生都一事无成呢？问题不在于一个人的天赋有多高，正如不在于你的手里有多少好牌一样，而在于你常常看不清自己，难以认清自己所拥有的一切。不深入挖掘自身的潜能，就找不到属于自己的那张最大的王牌。

不管环境怎样差，条件多么有限，都没有什么问题，因为在每个人的身体里面，都潜藏着巨大的力量。这些力量，只要你能够发现并加以利用，便可以帮你成就你所向往的一切，甚至能让你做出种种神奇的事情来。比如，当有人遇到某种意外事件或灾祸时，一般人都会奋不顾身地去救他。实际上，每个人都具有潜在的英雄品格，而意外事件和灾祸不过是催化剂，使人有了显露这种品格的机会，所以，我们常常看到一个人在灾难临头时会做出惊人的事情。

卡耐基常说，因为人体内存在着巨大的内在力量，所以人人都能做成不朽的事业。而一切真实、友爱、公道与正义，也都存在于这内在的力量中。这种力量一旦被唤醒，即便在最卑微的生命中，也能像酵母一样，对身心起发酵、净化的作用，使人增加力量。

有些时候，人有机会发现自己的潜能，比如在某种突如其来的事件或压力下，发现了自己从未发现过的能力；有时读了一本富有感染力的书，或者由于朋友们的真挚鼓励，也能发现自己的内在力量。但无论用何种方法，通过何种途径，一旦激起内在力量后，你所做出的成绩一定会不同于以前。

所以我们说，每个人手里都有一张王牌，这张牌决定着你的牌运和未来，只要你能发现自己的潜能，就等于找到了自己的王牌，找到了决胜千里的底气和实力。

"王牌"只有一两张

> 很多人手里一般都会有一两张王牌，所以，当手拿满副牌的时候，我们就要思考，究竟哪两张才是自己的王牌，找准王牌，才能在关键时刻出奇制胜。

要找到自己的"王牌"，要创造成功、美好的人生，我们必须对自我有一个清醒的认识，只有在认识自我的基础上，才能去发掘与完善自我，从而为成功奠定稳固的基础。

通常人们以为外部世界虽然不易认清，但对自己却是了如指掌的。其实不然，别看你很爱自己，但很可能你一辈子都没有真正认识自己。

正所谓"不识庐山真面目，只缘身在此山中"。一个人若想有一番成就，最好及早正确地认识自己。

　　有一天，上帝来到尘世，对地球上的居民进行了一番智慧调查。

　　上帝问大象："你是谁？"

　　大象回答说："我是学识渊博的学者。"

　　上帝问袋鼠："你是谁？"

　　袋鼠说："我是全球闻名的拳王。"

　　上帝又问鱼："你是谁？"

　　鱼摇摆着灵巧的身躯回答说："我是天地间的精灵。"

　　上帝又问鸟："你是谁？"

　　鸟回答道："我是风。"

　　上帝最后问人："你是谁？"

　　人回答道："我是谁？这个问题我还真没想过呢！"

　　上帝终于叹了口气，说道："唉！天地间，最难认识的是自己啊！"

　　而对于自己是谁这个问题，有位老先生常常这样教导他的学生："人贵有自知之明，做人就要做一个自知的人。唯有自知，方能知人。"有个学生反问道："请问先生，您是否了解您自己呢？""是呀，我了解我自己吗？"先生想，"嗯，我回去后一定要好好观察、思考、了解一下我自己的个性、心灵。"

　　回到家里，老先生首先拿来一面镜子，仔细观察自己的容貌、表情，然后通过容貌、表情再来分析自己的个性。他看到了自己亮闪闪的秃顶。噢，不错，莎士比亚就有个亮闪闪的秃顶。他想。他看到了自己的鹰钩鼻。噢，英国大侦探福尔摩斯——世界级的聪明大师就有一个漂亮的鹰钩鼻。他发现自己个子矮小。哈哈！拿破仑也和我一样矮小。他看到自己的大撇撇脚。呀，卓别林就有一双大撇撇脚！他想：我嗜酒如狂，正与李白同好；我嗜烟如命，正与诸多哲学家相同；我上课侃侃而谈，超过孔夫子的四方游说；我善于知人知己，胜过诸葛亮的神机妙算……

经过这样一番分析，老先生终于有了"自知"之明。第二天，他对他的学生说："古今中外名人、伟人、聪明人的特点集于我一身，我是一个不同凡响的人，我将前途无量。"

很多时候人总是自以为对自己很了解，但就像这位教书先生一样，虽然教育自己的学生要做一个自知的人，可他连自己都认不清。

一个人之所以不容易建立正确的自我观，往往是因为许多方面不能直接衡量，而间接得来的资料又不十分可靠。但即使如此，我们也应当尽力去认识自我，在此基础上，才可以了解自己的优势与劣势，长处与短处，从而取长补短，发挥自己的最大潜能，并进一步完善自我。

古希腊哲学家苏格拉底有句名言："认识你自己。"这句古老的名言将人的眼光从自然、宇宙拉回人类自身，可谓具有划时代的意义。今天，这句名言的现实意义是：重新审视自己，发现自己的能力和不足，给自己准确定位。

著名的爱尔兰戏剧家王尔德说："那些自称了解自己的人都是肤浅的人。"这的确是无可争辩的事实，因为对每个人来说，要想完全认识自己，并不是一件容易的事情。在很多时候，我们甚至还会对自我产生一定程度的认识偏差。人的一些复杂的品质，是目前还没有办法可以准确衡量的，于是人们就得经常利用间接的方式来获得一些对自己的认识。

首先，凭借自身实际的工作成果来寻找到自己的王牌——自己身上最突出的地方。由于这种方法有比较客观的事实作为依据，所以通常由此而建立的自我印象也是比较准确的。由于每个人所具有的才能各不相同，如果只是看他们在某些方面的成就，往往不能全面地衡量一个人的能力与作用。许多时候，一部分人的某些才能或许会因为没有施展的机会而被湮没。

其次，想要找出自己的王牌，与别人相比较是一种简便、有效的方法。运用这个方法，我们除了要不时和周围的人相比较，还应经常与某些理想的标准相比较。把他人作为比较的对象，以自己能否达到跟他人同样的标准作为成功或失败的衡量尺度。

最后，人际反馈法。既然我们无法准确地衡量自己的人格品质和行为，那就得利用别人对我们的态度和反应来获得些自我认识。比如某人若是被父母所钟爱，被师长所重视，被朋友所喜爱，大家都乐于和他交往，愿意和他一起工作和游戏，那就表明他一定具备某些令人喜欢的品质。不过有时也难免被歪曲或夸张，如果能多用几面"镜子"，就基本可以看清自己了。同样，有成见的人毕竟是少的，如果我们能较多地与人交往，看看多数人对自己的反应，一般情况下，应该是有助于自我认识的。

以上几个认识自我的方法虽然均有一定的局限性，但如果综合起来，对于较为全面地进行自我认识还是很有帮助的。尽管要完全彻底地认识自我是一件较为困难的事情，但我们仍然应当尽力去了解真实的自己，找到自己的王牌。

所以，"发牌"时我们就要思考，究竟哪几张才是自己的王牌，只有找到我们的王牌，才能在危急时刻扭转乾坤，反败为胜。

别人的牌可能更坏

人有时候看到自己手中的牌不怎么样，于是便会想别人的牌一定会很好，怪自己的手气差。而事实上，别人手里的牌可能更糟糕，如果他能赢牌，那只是出牌人会出而已。

有时候我们心情沮丧，就是因为觉得自己拿了一手的"坏牌"。

有一个国王，他常为过去的错误而悔恨，为将来的前途而担忧，整日郁郁寡欢，于是他派大臣四处寻找一个快乐的人，并要把这个快乐的人带回王宫。

这位大臣四处寻找了好几年，终于有一天，当他走进一个贫穷的村落时，听到一个快乐的人在放声歌唱。循着歌声，他找到了正在田间犁地的农夫。

大臣问农夫："你快乐吗？"农夫回答："我没有一天不快乐。"

大臣喜出望外地把自己的使命和意图告诉了农夫。农夫不禁大笑起来，他又说道："我曾因为没有鞋子而沮丧，直到有一天我在街上遇到了一个没有脚的人。"

生活中，有人为低工资而烦恼，但猛然发现邻居大嫂已经下岗失业，于是又暗暗庆幸自己还有一份工作可以做，虽然工资低一些，但起码没有下岗失业，心情转眼就好了起来。很多人总是看重自己的痛苦，而对别人的痛苦忽略不计。当自己痛苦不堪的时候，要是能够换一个角度来思考，痛苦的程度就会大大减弱。当自己兴高采烈的时候，应多向上比，会越比越进步；当自己苦恼、郁闷的时候，应多向下比，会越比越开心。

所以，很多时候，我们要多看自己的优点，看到自己所拥有的，而不是抓住自己的缺点或不曾拥有的东西不放。

从前有一个流浪汉，不知进取，每天只知道拿着一个碗向人乞讨度日。终于有一天，人们发现他饿死了。他死后，只剩下了那个他天天向人要饭时用的碗。有人看到了这个碗，觉得有些特别，就带回家，仔细研究后发现，原来流浪汉用来向人乞讨的碗竟是价值连城的古董。

《法华经》里记载了这样一个故事：

有个穷人探访一位有钱、有地位的富翁。富翁同情他，故热诚款待，结果穷人酒醉不醒。恰好这时官方通知富翁有要事需要他处理，富翁想推醒穷人，向他告别，但穷人没醒，富翁只好悄悄地把一些珠宝塞进他的破衣服中。

穷人醒后，浑然不知，依然如同往常一样四处流浪。过了一些时日，两个人偶遇，富翁告诉他衣服中藏宝的真相，穷人方才如梦初醒。

原来这么多日子以来，自己连身上有"小宝藏"都不知道！

其实，自己的身上就具有很大的潜能，只是大多数人都毫无察觉。

20世纪90年代，由于受亚洲金融风暴的影响，香港经济萧条，各行各业传来裁员的消息，社会上一下子出现了很多的"穷人"。有些人怨天怨地，自暴自弃；有些人担惊受怕，惶惶不可终日。人们都指望老天爷搭救，幻想买六合彩、赌马、打麻将能发财。这时一位学者站出来呼吁说："大家为什么不冷静地反省、思索，面对经济不景气，自己还有哪些潜藏的本事、才能没有发挥？凭自己的实力、条件，还有哪些事业、工作可以去拼搏？"

网上有这么一幅比较流行的漫画：

一个漂亮的女孩子觉得自己过得很不幸，终于有一天她真的决定跳楼自杀。身体慢慢往下坠，她看到了十楼以恩爱著称的夫妇正在互殴，她看到了九楼平常坚强的Peter正在偷偷哭泣，八楼的阿妹发现未婚夫跟最好的朋友在床上，七楼的丹丹在吃她的抗忧郁症药，六楼失业的阿喜还是每天买7份报纸找工作，五楼受人尊敬的王老师正在偷穿老婆的内衣，四楼的Rose又要和男友闹分手，三楼的阿伯每天盼望有人拜访他，二楼的莉莉还在看她那结婚半年就失踪的老公的照片。在她跳下之前，她以为自己是世界上最倒霉的人，而现在她才知道，每个人都有不为人知的烦恼。看完他们之后她觉得其实自己过得还不错……可是已经晚了。当她掉在楼下的地上时，楼上所有不幸的人同时感慨：原来自己的生活还是美好的，还有人比他们更不幸。

这幅漫画很贴切地展现了生活中许多人的想法，我们总是羡慕别人的生活是如何美好，总觉得自己是最不幸的那一个，而事实并非如此。每个人都有各自的烦恼，就像这个美丽的女子在跳楼时所看到的那样，谁都不是生活中的宠儿，只是每个人对待生活的态度不同而已。坚强的人最终尝到了生活的美味，意志薄弱的人最终被生活所淘汰。

所以，我们不要总把眼光局限在自身的坏牌上，实际上，别人手中的牌也并非都是好牌。这样去想，你才不至于太自卑、太绝望，才能保持必胜的信心，坚定地走下去。

丑女也无敌，坏牌自有可取之处

你手里可能拿的是一把看起来糟透了的牌，但千万不要小瞧了这把坏牌，它可能会在重要的时候成为让你翻身的王牌。要知道，坏牌对成功也有着重要的意义。

热播的电视剧《丑女无敌》，让很多人看到一个相貌欠佳的女人依然可以很成功。同样，当我们自身存在很多不足的时候，我们也可能会获得成功。

美国钢铁大王安德鲁·卡内基曾说："不要轻视那些从普通的学校里走出来，一头扎进工作中的年轻人，也不要轻视在办公室里干诸如端茶、扫地一类最低等活的年轻人，他很可能就是一匹黑马，你最好还是密切注意他，终有一天他会向你挑战的。"

日本汽车巨头本田宗一郎也说过："苦难也是好事，人没有刺激就不会进步。当一个人身处逆境、走投无路时，智慧就显得尤为可贵。成功的最好条件是吃苦耐劳，是亲身体会痛苦。经受的痛苦与获得的荣誉往往成正比。如果说有了荣誉就没有痛苦，这是绝对不可能的。失败也是好事。招聘时，如果有一个没有经历过失败，一帆风顺就把问题解决了的人，和一个经受过10次失败才获得成功的人，他们如果是同龄人，要我选择的话，我就选经历过失败的那一个。同一年龄，经受过失败的人能吃苦耐劳，因为这些痛苦的经历可以成为一股力量，成为人生飞跃的基础。"

人的一生绝不可能是一帆风顺的，有成功的喜悦，也有无尽的烦恼；

有波澜不惊的坦途，更有布满荆棘的坎坷与险阻。当苦难的浪潮向我们涌来时，我们唯有与命运进行不懈的抗争，才有希望看见成功女神高擎着的橄榄枝。

古人云："天将降大任于斯人也，必先苦其心志，劳其筋骨，饿其体肤，空乏其身，行拂乱其所为，所以动心忍性，曾益其所不能。"苦难是锻炼人意志的最好的学校。与苦难搏击，它会激发你身上无穷的潜力，锻炼你的胆识，磨炼你的意志。也许，身处苦难之时你会倍感痛苦与无奈，但当你走过之后，你会更加深刻地明白：正是那份苦难给了你人格上的成熟和伟岸，给了你面对一切时无所畏惧的勇气。

苦难，在不屈的人们面前会变成一份礼物，这份珍贵的礼物会成为真正滋润你生命的甘泉，让你在人生的任何时刻都不会轻易被击倒！

一位父亲带儿子去参观凡·高故居。在看过那张小木床及裂了口的皮鞋之后，儿子问父亲："凡·高不是一位百万富翁吗？"父亲答："凡·高是位连妻子都没娶上的穷人。"

第二年，这位父亲带儿子去丹麦。在安徒生的故居前，儿子又困惑地问："爸爸，安徒生不是生活在皇宫里吗？"父亲答："安徒生是位鞋匠的儿子，他就生活在这栋阁楼里。"

这位父亲是一个水手，他每年往来于大西洋的各个港口。他的儿子叫伊尔·布拉格，是美国历史上第一位获普利策奖的黑人记者。

20年后，在回忆童年时，布拉格说："那时我们家很穷，父母都靠卖苦力为生。有很长一段时间，我一直认为像我们这样地位卑微的黑人是不可能有什么出息的，好在父亲让我认识了凡·高和安徒生，这两个人告诉我，上帝没有这个意思。"

从这个故事中我们可以发现这样一个事实：上天有时会把它的宠儿放在穷人中间，让他们从事卑微的职业，使他们远离金钱、权力和荣誉，可却在某个有意义、有价值的领域中让他们脱颖而出。

霍兰德说："在最黑的土地上生长着最娇艳的花朵，那些最伟岸挺拔的树木总是在最陡峭的岩石中扎根，昂首向天。"而高普更是一语道破天机，他说："并非每一次不幸都是灾难，早年的逆境通常是一种幸运。与困难做斗争不仅磨炼了我们的人生，也为日后更为激烈的竞争准备了丰富的经验。"

古希腊神话传说中有这样一个故事：

天神西绪弗因为犯了法，受到宇宙之神宙斯的惩罚，降到人世间来受苦。宙斯对他的惩罚是推一块石头上山。每天，西绪弗费了很大的劲儿把那块石头推到山顶，但他想回家休息时，石头又会自动地滚下来，于是，西绪弗又要把那块石头往山上推。这样，西绪弗不得不在永无止境的失败命运中受苦受难。西绪弗每次推石头上山时，其他天神都打击他，告诉他不可能成功。但西绪弗不肯认命，一心想着推石头上山是他的责任，只要把石头推上山顶，责任就尽到了，至于石头是否会滚下来，那不是他的事。所以，当西绪弗努力地推石头上山的时候，他显得非常平静，因为他一直安慰自己：明天还有希望。宙斯对西绪弗无可奈何，最后只好解除了对他的惩罚。

把困难当作机遇，把命运的折磨当作人生的考验，忍受今天的苦痛，寄希望于明天的甘甜，这样的人，即便是上帝也对他无能为力。

不少人面对困难时一味地抱怨、苦恼，长期沉溺其中不能自拔，而抱怨又有何用？只能徒增自己的痛苦罢了！

为什么不换个角度想问题，化阻力为动力呢？

人生的不幸向人们昭示的不纯粹是灾难，或许它正是一个转折点，让你更加努力奋斗，使你的人生更加辉煌。其实就像丑女照样可以无敌一样，坏牌自有它的可取之处。

烂牌也要拼

> 　　一个人拿到了一手坏牌，那是不是就注定了这个人必输的结局呢？其实未必。
>
> 　　一个人无论拿到什么样的牌，都要有敢赢的欲望，敢赢的心。

　　现代社会什么事情都讲究一个"拼"字，过年回家"拼车"，出去旅游"拼游"。而当我们手拿坏牌的时候，就更要讲究"拼"，这里的"拼"不是拼凑，而是指勇气。不论是对于企业还是我们个人，都要有拼的精神。

　　很多时候，苦难会造就一个人、一个企业的成功。正是因为苦难的磨炼，人和企业才变得更加坚强，能够在苦难中不断成长，最终取得胜利。而人们要想获得成功，最起码的条件就是要有敢向苦难挑战的勇气，敢赢的勇气。

　　有这样一个故事：

　　有个年轻人向智者苏格拉底询问成功的秘诀，苏格拉底就把他带到一条小河边。年轻人觉得很奇怪。接着，更奇怪的事情发生了，苏格拉底"扑通"一下就跳到河里去了。年轻人想：难道大师要教我游泳？这时，苏格拉底向年轻人招了招手，示意他下来。年轻人满腹狐疑地也跳下了水。

　　刚一下水，苏格拉底就把他的头摁到了水里，年轻人本能地挣扎出了水面，但苏格拉底又一次把他的头摁到了水里，这次用的力气更大，年轻人拼命地挣扎，刚一露出水面，又被苏格拉底再一次死死地摁到了水里。这一次，年轻人死命地挣扎，出了水面后，年轻人急忙往岸上跑。跑上岸后，他浑身哆嗦着对苏格拉底说："大……大……大师，您要干什么？"

苏格拉底理也不理这位年轻人就上了岸。当他转身远去的时候，年轻人感觉好像有些事情还没有明白，于是，他就追上去对苏格拉底说："大师，恕我愚昧，刚才您对我做的那件事我还没悟出来，能否指点一二？"

苏格拉底于是问年轻人："你在水里时最想要什么？"

年轻人回答："空气。"

苏格拉底终于说出了那句饱含哲理的名言："如果你对成功有像刚才你需要空气那样强烈的愿望，你就一定能成功。这就是成功的全部秘密！"

所有的人都希望自己将来的生活能比现在过得好些、更好些；而对于所有的企业来讲，它们也都希望自己不断能做强、做大。改变现状是许多人拼搏奋斗的动力。只要你拥有成功的欲望，遇事敢拼，你就能获得成功。

1921 年 8 月，一位 39 岁的美国人突然患了小儿麻痹症，双腿僵直，肌肉萎缩，臀部以下全麻木了。而这个沉重的打击发生在他作为民主党的副总统候选人参加竞选而败北以后，他的亲属、挚友都陷入极度失望之中，医生也预言他能保住性命就是万幸。但他不屈服于命运的坚强意志使他无论如何也"不相信这种娃娃病能整倒一个堂堂男子汉"。

为了活动四肢，他经常练习爬行；为了激励自己，他把家里的人都叫来看他与刚学会走路的儿子进行比赛，一次次爬得气喘吁吁，汗如雨下……目睹那场面时谁又能想到，10 多年以后，他奇迹般地当选为美国第 37 届总统，坐着轮椅进入白宫。他，就是美国历史上唯一一位连任 4 届的总统——罗斯福。

欲望的力量是惊人的，只要你用强大的欲望之力去推动你成功的车轮，不管你的起点有多低，命运发给你的牌有多不好，你都可以攀上成功之峰，改变生活的一切。生活中我们常看到这样一种现象，即越是处于艰苦环境中的人越容易成功。

湖南某地一农民为了谋生，就带 300 元离家出走到其他城市。他先在 A 市火车站靠帮旅客提行李包挣几个血汗钱，后来又靠收破烂维持生活。由于不熟悉城市生活，收破烂也受到同行排挤。

在走投无路的情况下，他认识了一位玻璃商，他就帮玻璃商用自行车运送玻璃。开始一天有 4 元钱的收入，由于肯出力、工作认真，收入由 4 元涨到 8 元。他生活节俭，每天除吃喝外，还有 6 元钱的节余。经过一年的工作，他积累了近 2000 元。他用这笔小额资金买了两辆板车，又雇了一个穷哥们儿帮他一起为玻璃商运送玻璃。第二年，他有了 5000 元的净收入。收入多了，心里也想的多了。别人能开玻璃店，我为什么就不能开呢？于是他在一家商店旁边租了一间民房，经过一番装修，也开起了玻璃商店，经营玻璃生意。由于他肯干、勤快、待客热情，人们都喜欢在他的小店买货。

经过 5 年的不懈努力，他赢利数十万元。资本有了大额积累，小店变成了大店，现在赢利已达百万，成了远近闻名的百万富翁。

成功源于强烈的企盼，孕育于痛苦的挣扎，是寻找自我、超越自我的结果。人要成功，就要有一种矢志不渝的拼搏精神。你必须将欲望之火燃烧到白炽状态，你必须为自己立下誓言：我要改变自己。

只要你想赢，敢拼，你就会发现：坏牌也有赢的可能。

牌不在好坏，而在于想赢的信念

一副好牌不见得会赢，一副烂牌也不见得会输，可见赢的关键不在于手中的牌有多好，而在于自己有多想赢。如果不想赢，再好的牌也会输。

一个人若想取得成功，关键还在于他有没有成功的信念，心想才能事成。有时候，信念的作用是强大的，如果没有成功的信念，即使你拥有优越的条件也不会取得成功。

成功的人都拥有相同的特质，即他们都拥有坚定的信念。信念，会让人克服重重困难，获得成功。

生活中的很多人也有成功的愿望，但愿望和信念不一样。愿望只是静态的，"我希望成功，希望富有，希望很有成就……"而信念则是动态的，"我要获得成功，要创造财富，要获得成就……"一个拥有信念的人，坚信成功不久就会到来，所以一直努力坚持，尽自己最大的努力向成功迈进。

原籍中国广东的泰国华侨、泰国盘谷银行董事长陈弼臣，其父亲只是泰国曼谷某商业机构的一名普通秘书。陈弼臣儿时被父亲送回中国接受教育，17岁那年因家境贫困被迫辍学。返回曼谷后，陈弼臣做过搬运夫、售货小贩以及厨师，同时还做过两家木材公司的会计，日子就在他精打细算的盘算中度过。4年之后，陈弼臣终于从一家建筑公司职位低微的秘书晋升为部门经理。后来，在几位朋友的赞助下，他集资创办了一家五金木材行，自任经理。经过不懈的努力，攒了一些钱后，陈弼臣又接连开了3家公司，致力于木材、五金、药物、罐头食品以及大米的外销业务。当时，泰国被日本占领，陈弼臣生意的难做程度可想而知。但是，陈弼臣一边抗日一边做生意，业务在他的努力下渐渐兴隆起来。

1944年底，陈弼臣与其他10个泰国商人集资20万美元创立了盘谷银行，职员仅仅23人。银行正式营业后，陈弼臣经常与那些受尽了列强凌辱、被外国大银行拒之门外的华裔小商人来往。尽管那些贫穷的小商人时常不礼貌地突然闯进陈弼臣的家中，但他们仍然受到陈弼臣的礼遇。

关于这一点，陈弼臣后来说："开银行是做生意，不是只做金融业务。当我判断一笔生意是否可做时，只要观察这个顾客本人以及他的过去和他的家庭状况就可以了。"

陈弼臣最初负责银行的出口贸易，因此与亚洲各地的华人商业团体建立了广泛的联系，并且积累了丰富的业务知识和经验，大大推进了盘谷银行的出口业务。在他出任盘谷银行的总裁后，一直是这家银行的中流砥柱。

经过多年的艰苦奋斗，陈弼臣跨进了亚洲的大富翁之列。

陈弼臣的成功史，其实是一部白手起家的创业史。他没有继承祖业，也没有飞来横财。他经过苦苦寻觅，一直不甘落后，渴望成功，后来终于找到了属于自己的那一片蓝天，这一切都是他不甘受命运摆布的结果。

历史上的许多成功人士就是因为心中怀着成功的信念，才能够留名史册。元朝的时候，一名女子自小出身贫苦，并且是别人的童养媳，她凭借着坚强的意志逃到了海南岛，并在那里与当地的人民一起生活了几十年，而后就是她发明了纺织机，这个人就是黄道婆。

一个看不到屋外的阳光、听不到大自然声音的女孩赢得了世界上无数人的尊重，她就是海伦·凯勒。她以自己坚强的意志力，以"热爱生命、刻苦学习"的信念不向命运屈服，最终获得了成功。

马克思凭借对人类社会改良的信念，在众多的批判声中依然坚持自己的意见，终于完成《资本论》的著作，并成为社会主义思想的奠基人和创始人之一。

如果说一个人怀抱成功的信念不一定成功，但是如果没有奔向成功的信念，那么这个人是一定不会成功的。一个人能否成功，关键还在于他是否具有坚定不移的信念，能否踏过人生的重重阻挠，为自己的明天而努力！

第二章

选择不了好的起点，但可以赢一个漂亮的终点

挑战极限，和"不可能"过招

> 不要对还没有打的牌局说"不可能"，一切皆有可能，只有想不到，没有做不到。

在自然界中，有一种十分有趣的动物，叫作大黄蜂，曾经有许多生物学家、物理学家、社会行为学家联合起来研究这种生物。

根据生物学的观点，所有会飞的动物必然是体态轻盈、翅膀十分宽大的，而大黄蜂这种生物的状况却正好跟这个理论相反。大黄蜂的身躯十分笨重，而翅膀却出奇的短小。依照生物学的理论来说，大黄蜂是绝对飞不起来的。而物理学家的论调则是，大黄蜂的身体与翅膀的比例，根据流体力学的观点，同样是绝对没有飞行的可能的。

可是，在大自然中，只要是正常的大黄蜂，却没有一只是不能飞的，甚至它飞行的速度并不比其他能飞的动物慢。这种现象，仿佛是大自然和科学家们开的一个很大的玩笑。最后，社会行为学家找到了这个问题的答案。很简单，那就是——大黄蜂根本不懂生物学与流体力学，每一只大黄蜂在它长大之后就很清楚地知道，它一定要飞起来去觅食，否则必定会活活饿死！这正是大黄蜂之所以能够飞得那么好的奥秘。

由此可见，这世上没有绝对的"不可能"，只要敢于拼搏，一切皆有可能。

说到"不可能"这个词，我们来看一看著名成功学大师卡耐基年轻时用的一个奇特的方法。

年轻的时候，卡耐基想成为一名作家。要达到这个目的，他知道自己必须精于遣词造句，字典将是他的工具。但由于他小的时候家里很穷，接受的教育并不完整，因此"善意的朋友"就告诉他，说他的雄心是"不可能"实现的。

年轻的卡耐基存钱买了一本最好的、最完全的、最漂亮的字典，他所需要的字都在这本字典里，而他对自己的要求是要完全了解和掌握这些字。他做了一件奇特的事，他找到"impossible"（不可能）这个词，用小剪刀把它剪下来，然后丢掉，于是他有了一本没有"不可能"的字典。以后，他把整个事业建立在这个前提下。对一个要成长，而且要超过别人的人来说，没有任何事情是不可能的。

当然，讲这个例子并不是建议你从你的字典中把"不可能"这个词剪掉，而是建议你要从你的脑海中把这个观念铲除掉。谈话中不提它，想法中排除它，态度中去掉它、抛弃它，不再为它提供理由，不再为它寻找借口。把这个字和这个观念永远抛开，而用"可能"来代替它。

翻一翻你的人生字典，里面还有"不可能"吗？可能很多时候，当我们鼓起雄心壮志准备大干一场时，有人会好心地告诉我们："算了吧，你想的未免也太天真、太不可思议了，那是不可能的事情。"接着我们也开始怀疑自己：我的想法是不是太不符合实际了？那是根本不可能达到的目标。

假如回到500年前，如果有人对你说，你坐上一个银灰色的东西就可以飞上天；你拿出一个"小盒子"就能够跟远在千里之外的朋友说话；打开一个"方盒子"就能看到世界各地发生的事情……你也同样会告诉他"不可能"。但是今天，飞机、手机、电视甚至宇宙飞船都已经变成现实了。正如那句老话所说的，"没有做不到，只有想不到"，奇迹在任何时候都可能发生。

纵观历史上成就伟业的人，往往并非是那些幸运之神的宠儿，而是那些将"不可能"和"我做不到"这样的字眼从他们的字典以及脑海中连根拔去的人。富尔顿仅有一个简单的桨轮，但他发明了蒸汽轮船；在一家药店的阁楼上，法拉第只有一堆破烂的瓶瓶罐罐，但他发现了电磁感应现象；在美国南方的一个地下室中，惠特尼只有几件工具，但他发明了锯齿轧花机；伊莱亚斯·豪只有简陋的针与梭，但他发明了缝纫机；贫穷的贝尔教授用最简单的仪器进行实验，但他发明了电话。

美国著名钢铁大王安德鲁·卡内基在描述他心目中的优秀员工时说："我们所急需的人才，不是那些有着多么高贵的血统或者多么高学历的人，而是那些有着钢铁般的坚定意志，勇于向工作中的'不可能'挑战的人。"

人生如打牌，有些人总是还没有开始打，就因为别人说或自己认为"不可能"赢就放弃了，他连在牌局上展示的机会都没有。要知道，只要你敢于挑战，坚定信心，你就能超越极限，将不可能变为可能。

掌控情绪"转换器"，生气不如争气

> 满手坏牌的时候，有人会觉得自己倒霉透顶，于是，嘴里骂着、心里恨着地打完这场牌。其实生气是无谓的，改变不了牌不好的现状，倒不如想着如何变不利为有利，打好牌。

生活中，我们感受周围的事物，形成一种观念，做出我们的判断，无一不是由我们的心灵来进行的。然而，不好的情绪常常折磨我们的心灵，使我们做事出现种种偏差。因此，那些能取得成就的人往往是能驾驭情绪的人，而经常败得一塌糊涂的人通常是被情绪驾驭的人。

一名初探歌坛的歌手，满怀信心地把自己的录音带寄给某位知名制作人，然后，他就日夜守候在电话机旁等候回音。

第一天，他因为满怀期望，所以情绪极好，逢人就大谈抱负；第十七天，他因为情况不明，所以情绪起伏，烦躁不安；第三十七天，他觉得前程未卜，所以情绪低落，闷不吭声；第五十七天，他因为期望落空，所以情绪坏透，电话铃响后拿起电话就骂人，没想到电话正是那位名制作打来的，他因此而自毁前程。

很多时候，我们就像这位青年一样，在生气发怒时丧失了很多机会。人生本来就不是一帆风顺的，在生气的时候我们应该强迫自己控制好情绪，不要让它影响我们的正常生活和工作。

有这样一个故事：

有一位妇人脾气十分古怪，经常为一些无足轻重的小事生气。她也很清楚自己的脾气不好，但她就是控制不了自己。

朋友对她说："附近有一位得道高僧，你为什么不去向他诉说心事，请他为你指点迷津呢？"于是她就抱着试一试的态度去找那位高僧。

她找到了高僧，向他诉说了心事，态度十分恳切，渴望从高僧那里得到启示。高僧一言不发地听她讲述，等她说完了，就把她领到一座禅房中，然后锁上房门，无声而去。

妇人本想从高僧那里听到一些开导的话，没想到高僧一句话也没有说，只是把她关在这个又黑又冷的屋子里。她气得跳脚大骂，但是无论她怎么骂，高僧就是不理会她。妇人实在忍受不了了，便开始哀求，但禅师还是无动于衷，任由她在那里说个不停。

过了很久，房间里终于没有声音了，高僧在门外问："还生气吗？"

妇人说："我只生自己的气，我怎么会听信别人的话，到你这里来！"

高僧听完，说道："你连自己都不肯原谅，怎么会原谅别人呢？"于是转身而去。

过了一会儿，高僧又问："还生气吗？"

妇人说："不生气了。"

"为什么不生气了呢？"

"我生气有什么用呢？只能被你关在这个又黑又冷的屋子里。"

高僧说："你这样其实更可怕，因为你把你的气都压在了一起，一旦爆发，会比以前更加强烈。"说完又转身离去了。

等到高僧再问她的时候，妇女说："我不生气了，因为你不值得我为你生气。"

"你生气的根还在，你还没有从气的漩涡中摆脱出来！"高僧说道。

又过了很长时间，妇人主动问道："高僧，你能告诉我气是什么吗？"

高僧还是不说话，只是看似无意地将手中的茶水倒在地上。妇女终于顿悟：原来，自己不气，哪里来的气？心地透明了，了无一物，何气之有？

实际上，我们自己不生气就什么事情都没有了，生气都是自找的。在生气的时候，我们要适当地进行情绪转换，掌控好自己的情绪。

被称为"世界剧坛女王"的拉莎·贝纳尔，在一次横渡大西洋途中突遇风暴，不幸在甲板上滚落，足部受了重伤。当她被推进手术室，面临锯腿的厄运时，她突然念起了自己所演过的剧中的一段台词。记者们以为她是为了缓解一下自己的紧张情绪，可她说："不是的！是为了给医生和护士们打气。你瞧，他们不是太正儿八经了吗？"

威廉·詹姆斯说："完全接受已经发生的事，这是改变不幸命运的第一步。"接受无法抗拒的事实，既然是第一步，那么有没有第二步？有。拉莎手术圆满成功后，她虽然不能再演戏了，但她还能演讲。她的演讲，使她的戏迷再次为她而鼓掌。

拉莎·贝纳尔在面对无法抗拒的灾难时，跳出焦虑、悲伤的圈子，她转换了自己的情绪，又踏上一个新的里程，并继续努力，依然得到了别人的肯定。

任何人遇到灾难情绪都会受到影响，这时一定要操纵好情绪的"转换器"。面对无法改变的不幸或无能为力的事，抬起头来，对天大喊："这没有什么了不起，它不可能打败我！"或者耸耸肩，默默地告诉自己："忘掉它吧，这一切都会过去！"

　　情绪是可以调适的,只要你操纵好情绪的"转换器",随时提醒自己、鼓励自己,将生气转化为动力,才能改变境遇,闯出一番新的天地。

　　当你心情烦躁的时候,可以散散步或听听音乐,把不满的情绪发泄出来或转移,尽量使自己的心境平和,在平和的心境下,情绪就会慢慢缓和;或者用繁忙的工作或通过参加有兴趣的活动去补充、转换。

　　在人生的牌局中,当满手坏牌的时候,与其埋怨自己命不好,恨恨地诅咒、骂人,倒不如转换情绪,让自己平静下来好好想想,如何将不利变为有利,打好手中的坏牌。如果这样做,你就还有赢的希望;如果你只是沉浸在消极的情绪中,那输牌的肯定是你。

人生苦旅,等闲视之

　　谁的一生都可能有一手坏牌的时候,强者会把坏牌当作一个小小的障碍,等闲视之;而弱者却把坏牌看成永远翻不过去的大山,听从命运的安排。

　　人生难免会有失意的时候,事业上的,情感上的,家庭上的,等等。面对失意,强者以一颗自强不息的心不断进取;弱者就是面对一张薄纸,也不愿伸手去戳破,去达到自己的目的。一个人拿到一手坏牌时,一定要保持自立自强的姿态,奋力前行。

　　一位作家在他的一部作品中描绘了一只新生的长颈鹿如何学习它的第一课。

　　把一只长颈鹿带到世上来是一个艰难的过程。小长颈鹿从母亲的子宫里掉出来,落到大约距离3米高的地面上,通常后背着地。几秒钟内,它翻过身来,把四肢蜷在身体下,并甩掉眼睛和耳朵里残存的一点羊水。

依靠这个姿势，它第一次得以审视这个世界。然后，长颈鹿妈妈便用粗暴的方式把它的孩子带到现实生活中。

长颈鹿妈妈尽力低下头，以看清小长颈鹿的位置，确保自己在小长颈鹿的正上方，等待了大约一分钟，然后做出最不合常理的事——抬起长长的腿，踢向小长颈鹿，让它翻了一个跟头后，四肢摊开。

如果小长颈鹿不能站起身，这个粗暴的动作就会被长颈鹿妈妈不断地重复。为了能够站起来，小长颈鹿拼命努力。因为疲倦，小长颈鹿有时会停止努力。长颈鹿妈妈看到，就会再次踢向它，迫使它继续努力。最后，小长颈鹿终于第一次用它颤动的双腿站了起来。

这时，长颈鹿妈妈会做出更不合常理的举动：再次把小长颈鹿踢倒。为什么？长颈鹿妈妈想让它记住自己是怎么站起来的。在荒野中，小长颈鹿必须能够以最快的速度站起来，以免使自己与鹿群脱离，只有在鹿群里它才是安全的。狮子、狼等野兽都喜欢猎食小长颈鹿，如果长颈鹿妈妈不教会它的孩子尽快站起来，与大部队保持一致，那么它很快就会成为这些野兽的猎物。

长颈鹿妈妈的行为看上去十分粗暴、不近情理，但那是为了让孩子更快、更好地适应自然界恶劣的生存环境。物竞天择，只有强者才能在竞争激烈的自然界中生存下去。

人生的路是漫长的，任何人都不可能永远陪在你身边和你一起面对外面的风雨。在失意的时候，一个人千万不要失去斗志，只要自强不息，再坏的牌也难不倒你。

有一个农民，只上了几年学家里就没钱继续供他上学了，于是他辍学回家，帮父亲耕种二亩薄田。在他18岁时，父亲去世了，家庭的重担全部压在了他的肩上。他要照顾身体不好的母亲和瘫痪在床的祖母。

改革开放后，农田承包到户。他把一块水田挖成池塘，想养鱼。但村里的干部告诉他，水田不能养鱼，只能种庄稼，他只好又把水塘填平。这件事成了一个笑话，在别人看来，他是一个想发财但又非常愚蠢的人。

听说养鸡能赚钱，他向亲戚借了300元钱，养起了鸡。但是一场大雨后，鸡得了鸡瘟，几天内全部死光了。300元对别人来说可能不算什么，但对一个只靠二亩薄田生活的家庭而言，真可谓是天文数字。他的母亲受不了这个打击，郁郁而终。

他后来酿过酒、捕过鱼，甚至还在石矿的悬崖上帮人打过炮眼……可都没有赚到钱。

36岁的时候他还没娶到媳妇，即使是离异的有孩子的女人也看不上他，因为他只有一间土屋，还随时有可能在一场大雨后倒塌。娶不上老婆的男人，在农村是没有人看得起的。

但他还是没有放弃，不久他就四处借钱买了一辆手扶拖拉机。不料上路不到半个月，这辆拖拉机就载着他冲入一条河里。他断了一条腿，成了瘸子。而那拖拉机，被人捞起来时已经支离破碎，他只能拆开它，当废铁卖。

几乎所有的人都说他这辈子完了。

但多年后他还是成了一家公司的老总，手中有近亿的资产。现在，许多人都知道了他苦难的过去和富有传奇色彩的创业经历。许多媒体采访过他，许多报告文学描述过他。曾经有记者这样问他："在苦难的日子里，你凭借什么一次又一次毫不退缩？"

他坐在宽大豪华的老板台后面，喝完了手里的一杯水。然后，他把玻璃杯子握在手里，反问记者："如果我松手，这只杯子会怎样？"

记者说："摔在地上，碎了。"

"那我们试试看。"他说。

他手一松，杯子掉到地上，发出清脆的声音，但并没有破碎，而是完好无损。他说："即使有10个人在场，他们都会认为这只杯子必碎无疑。但是，这只杯子不是普通的玻璃杯，而是用玻璃钢制作的。"

是啊！这样的人，即使只有一口气，他也会努力去拉住成功的手，除非上苍剥夺了他的生命……

这位成功者手中的牌不但很坏，甚至可以说糟透了，但他硬是将手中的坏牌打出了好的结局。他依靠的是什么？就是在失意时，他从来不放弃，自强、自立使他一路风雨兼程，最终获得了成功。

面对挫折，只有自强者才能战胜困难、超越自我。如果一味地想等待别人来帮忙，只能落得失败的下场。凭着自己的努力可以解决任何问题，永远可以依赖的人只有自己！

借别人的棉袄过冬

　　榜样的力量是无穷的。牌局中，当你冥思苦想着如何破局但总没有答案时，可以借鉴别人成功的经验，学习他们解决问题的方法，这样更有利于自己获得成功。

在走向成功的路上，人人都在不断探索、追求，人人都在探索一条捷径，希望不走弯路。如果仅靠自己一个人慢慢摸索，那取得成功的时间肯定会长得多；如果能借鉴别人成功的方法，再与自己的实际相结合，会更容易获得成功。

有一个法国人，42 岁了仍一事无成，他也认为自己简直倒霉透了：离婚、破产、失业……他找不到自己生存的价值和人生的意义。他对自己非常不满，因此变得古怪、易怒，同时又十分脆弱。

有一天，一个吉卜赛人在巴黎街头算命，他随意一试。吉卜赛人看过他的手相之后说："您是一个伟人，您很了不起！"

"什么？"他大吃一惊，"你说我是个伟人，你不是在开玩笑吧?!"

吉卜赛人平静地说："您知道您是谁吗？"

我是谁？他暗想，是个倒霉鬼，是个穷光蛋，是个被生活抛弃的人！但他仍然故作镇静地问："我是谁呢？"

"您是伟人，"吉卜赛人说，"您知道吗，您是拿破仑转世！您身上流的血、您的勇气和智慧，都是拿破仑的啊！先生，难道您真的没有发觉，您的面貌也很像拿破仑吗？"

"不会吧……"他迟疑地说，"我离婚了……我破产了……我失业了……我几乎无家可归……"

"但是，那是您的过去，"吉卜赛人说，"您的未来可不得了！如果先生您不相信，就不用给钱好了。不过，5年后，您将是法国最成功的人啊！因为您就是拿破仑的化身！"

这个法国人表面装作极不相信地离开了，心里却有了一种从未有过的伟大感觉。他对拿破仑产生了浓厚的兴趣。回家后，就想方设法找与拿破仑有关的一切书籍、著述来学习。

渐渐的，他发现周围的环境开始改变了，朋友、家人、同事、老板，都换了另一种眼光、另一种表情对他。事情开始顺利起来。

后来他才领悟到，其实一切都没有变，是他自己变了：他的胆魄、思维方式都在模仿拿破仑，就连走路、说话都像。

13年以后，也就是在他55岁的时候，他成了亿万富翁，成为法国赫赫有名的成功人士。

榜样的力量是无穷的。凡是在某个领域出类拔萃的人，其所思与所为都不同于该领域中的一般人。他们成功的秘诀，是师人之长，取人之精，为己所用。

马太效应告诉我们，任何个体、群体或地区，一旦在某一方面获得成功和进步，就会产生一种积累优势，就有更多的机会取得更大的成功和进步。而通过观察、比较、学习和沟通，征求成功者的意见，便是成功的关键所在。

不管我们是做哪个行业，选一位成功者当自己的引导者，别害怕求助于他。其实，一个有成就的人，很希望与那些能将他的才华完全发挥出来的人分享他的学问、智慧和经验。所以，成功的人都是乐于借鉴他人的经验，学习他人的长处，而站在前人的肩膀上成就事业、创造人生的。

那么，我们究竟要向那些成功人士学习什么，又该如何学习呢？

首先，我们要学习他们遇到问题时的心态。当遇到棘手的问题时，我们可以向成功人士请教：他们遇到问题的反应是什么，以怎样的心态去面对困难……其实很多时候，决定成败的并不是能力的大小，而是心态的好坏。另外，我们还可以通过自己的认真观察，总结成功人士获得成功的心态。

其次，学习成功人士在遇到难题时处理问题的能力。成功人士之所以成功，并不是因为他们本身的智商比常人高，而是因为他们解决问题的能力比较强，所以我们就要学习成功人士在遇到问题的时候如何面对问题、分析问题，在方案出现变动的时候如何因计划而改变方案，以及在最艰难的时候如何做到化险为夷。

最后，学习成功人士在平时如何积累知识、经验。一个人或者一个企业的成功，不是一朝一夕的，而是在长期的积累过程中逐渐形成的，所以我们需要学习的是成功人士或者成功的企业是如何一步步壮大的，他们在这个过程中都做了些什么。我们要虚心地向成功人士请教他们积累的经验，自己更要仔细地去观察他们是如何进行积累的。将学到的他们的方式在自己平时的生活中加以利用，这样使自己更容易取得成功。

在人生的牌局中，我们要善于借用那些高手赢牌的技巧，使自己的路越走越宽，离成功越来越近。

成功没有霸王条款，勇于挑战
就能跨越起点

> 生活对每个人来说都是公平的，一个不善于挑战的人会将一手其实还不错的牌打输，而一个善于挑战的人会将一手很烂的牌打成一副好牌。

生活是由一连串的问题组成的。一个善于向困难挑战的人，尤其是善于向那些最难、挡住大部分人的问题挑战的人，他会跨过一个个问题，最终赢得胜利。可以说，在成功的道路上没有霸王条款，只要你勇于去挑战成功，你就能跨越起点，逼近成功。

美国五大湖区的运输大王考尔比刚参加工作时非常贫穷，他最初从纽约一步一步走到克利夫兰，后来在湖滨南密歇根铁路公司总经理那里谋了一个书记的职务。

但是他工作了一段时间后，就觉得这个职位的视野过于狭小——除了忠实地、机械地干活以外，没有任何发展前途可言，这已不能满足其远大的志向了。他也意识到，梯子底部不一定就安稳，上面随时都可能掉下东西砸到自己，这样还不如爬到梯子的上部，并一心朝上爬。

于是，他辞掉了这份工作，在海·约翰大使的手下谋得了一个职位。大使后来成为国务卿、美国驻英国大使，而在此之前，考尔比就已经明白，与前者在一起不会有发展，与后者共事则会有很大的成就。

工作应从什么样的高度开始？不少刚开始找工作的毕业生会认为

从哪里开始都一样，先落了脚再说，并雄心勃勃地表示不会待多久。但遗憾的是，他们中的大多数进到那个层次后便很难再出来了。对于这个问题，著名的成功学家拿破仑·希尔有过很经典的论述，他说："这种从基层干起，慢慢往上爬的观念，表面上看来也许十分正确，但问题是，很多从基层干起的人，从来不曾设法抬起头，以便让机会之神看到他们。所以，他们只好永远留在底层。我们必须记住，从底层看到的景象并不是很光明或令人鼓舞的，有时反而会增加一个人的惰性。"

因此，一级也好，两级也好，总之，在职位上努力向上攀登十分重要，对一个人的长远发展来说也是一件意义深远的事情。

因此，成功人士建议，如果有可能的话，尽量从基层的上一步或上两步开始，这样你就会免受最底层的单调生活的折磨，避免形成狭隘的思想和悲观的论调，尤其是可以避开低层次的斗争。事实也确实如此，在一个较低的层次上，由于资源和机会有限，人员素质参差不齐，斗争与内耗往往十分激烈而且赤裸裸的。许多人在到达上一层之前，也许已经元气大伤、锐气全无了，因为他们把太多的热血流在了污泥里。

有一位30多岁在北大读MBA的人袒露，他这岁数还来读MBA，只是为了越过一些层级。他原来的单位是个很保守的地方，论资排辈，他工作了几年仍然是个小跟班，参与不了任何重要的事情，也得不到真正的锻炼，而自己比较适合的中高级管理人员的位置又是那样遥不可及。他的许多同龄人都逐渐变得懒怠和颓废起来，但他选择了离去，选择了越过一些也许是永远都难以"胜任"的层级，直奔"主题"。虽然MBA的课程读起来很辛苦，但他乐在其中，因为他知道山的后面是什么。

后来，他做了一家大公司的高级主管，年薪超过50万，而他原来的年薪不足2万。

更重要的是，他坐在了最适合他的位子上，自己舒服，别人也舒服。

很多时候，是我们不敢向自我挑战，总觉得那些事情那么难，自己怎么可能实现呢？于是失掉了一次次的机会。而那些成功的人、成功的企业，并不是因为他们本身就有三头六臂，而是他们有挑战自我的勇气，相信自己，并不断努力，在超越一个个目标后，他们会选择更高的目标来征服。为什么有着同样的经历、同样的出身，但是有些人会成为成功人士，而有些人仍然在底层挣扎？就是因为失败的人没有这份挑战困难、挑战生活、挑战自我的勇气。

在生活的洪流中，人应当有逆流而上的勇气，不断努力，再苦再难也要坚持，只要熬过了，什么样的困难都难不住你。成功没有霸王条款，只要学会挑战自我，你就会跨越起点。

要敢于决断

> 很多时候，在牌局的关键时刻，我们总会举棋不定，不知道该出哪一张牌，害怕这个，害怕那个，到头来失去了出牌的机会。

哲学家苏格拉底说："当许多人在一条路上徘徊不前时，他们不得不让路，让那些珍惜时间的人赶到他们的前面去。"当有人问亚历山大是如何征服世界时，他回答说，他只是毫不迟疑地去做这件事。

那些总是摇摆不定、犹豫不决的人肯定是个性软弱、没有生气的人，他们不敢决定任何一件事情，不敢担负起应负的责任；他们常常对自己的决断产生怀疑，不敢相信他们自己能解决重大的问题；他们对自己缺乏信心，往往推迟重大的决定，有时甚至无动于衷。

优柔寡断会破坏一个人的自信心和判断力，并大大浪费个人的精力。试图面面俱到、万事平衡的人做出的无益而琐碎的分析，是抓不住事物本质的。决策最好是决定性的、不可更改的，一旦做出之后就要用所有的力量去执行。

人生充满了选择。不管是读书、创业或婚姻，我们总要在几个可供选择的方案中做一个"赌注式"的决断。对于我们所选择的结果究竟是好是坏，也往往没有明确的答案。机会难得，想再回头重新来过是绝不可能的。因此，我们可以说：决断是各种考验的交集。

其实，上天并未特别照顾那些抓住机会之神的幸运者，只不过是他们一再对问题苦思对策，并毫不犹豫地去做了，因而获得了机会之神的青睐。

拿破仑在紧急情况下总是立即抓住自己认为最明智的做法，而牺牲了其他所有可能的计划和目标，因为他从不允许其他的计划和目标来不断地扰乱自己的思维和行动。这是一种有效的方法，充分体现了勇敢决断的力量。换句话说，也就是要立即选择最明智的做法和计划，而放弃其他所有可能的行动方案。

决断并非一意孤行的"盲断"，也非逞一时之快的"妄断"，更非一手遮天的"专断"。决断除了要有客观的事实根据、出众的预见性眼光外，同时更要有决心与魄力。

莎士比亚说："我记得，当恺撒说'做这个'时，就意味着事情已经做了。"

英国著名女作家乔治·艾略特则这样判断一个人："等到事情有了确定的结果才肯做事的人，永远都不可能做成大事。"

曾经有这样一个人，他毕业于名牌大学，毕业时，有人建议他去炒股，他曾很积极地想去办股东卡，但是后来他想：这是一件很有风险的事情，还是等一阵再说吧。之后又有人建议他去夜校兼职当老师，他高兴了半天，但是又一想，一节课才挣那么点钱，没有什么意思，就又放弃了。他是一个很有天赋的人，却一直碌碌无为。

很多时候，我们缺乏的就是想到了就立马去做的勇气。

快速的决策和异常的胆略使许多成功人士渡过了危机和难关，而关键时刻的优柔寡断只能带来灾难性的后果。对于想成功的人来说，犹豫不决、优柔寡断是他们的敌人。它可能在其他伤害他、阻挠他、限制他的情况之前，就已使他处于无法自拔的境地中。

不要再等待、再犹豫，绝不要等到明天，今天就应该开始。要逼迫自己训练一种遇事果断坚定、迅速决策的能力，对于任何事情切不要犹豫不决。

一个企业或者一个人的决断，其实只有很少部分需要反复推敲，进行全方位的权衡和考虑。而对于大部分事情，在作决定的时候都要做到：一旦打定主意，就绝不更改，不再留给自己回头考虑、准备后退的余地。只有这样做，才能养成坚决果断的习惯。这样做既可以增强人的自信，同时也能得到他人的信赖。决策果断的人，在作决定时难免会发生错误，但是他因为自信，再加上以后经验、阅历的增加，会弥补一些错误决策可能带来的损失。他们要比那些简直不敢开始工作，做事处处犹豫、时时小心的人强得多。

我们在人生的牌局上出牌的时候，要尽量避免犹犹豫豫的习惯，要果断一些，这样才有赢牌的可能。

愚者赚今朝，智者赚明天

> 出牌的时候，如果只是瞅着眼前这一步，虽然目前牌路看起来不错，但很可能因为没有预见而断了自己的后路。

戴高乐说："眼睛所到之处，是成功到达的地方。唯有伟大的人才能成就伟大的事，他们之所以伟大，是因为决心要做出伟大的事。"教田径的老师会告诉你："跳远的时候，眼睛要看着远处，你才会跳得更远。"

一个人要想成就一番大事业，没有远见是不行的。但站得高才能看得远。一个人只有拥有深邃的思想和广阔的视野，按照既定的目标坚持不懈，才会获得成功。在现实生活中，拥有远见卓识将给你的生活和工作带来极大的好处。

百度CEO李彦宏在母校的一次发言中这样说："百度在2000年成立时，并不直接为网民提供搜索服务，我们只为门户网站输出搜索引擎技术，而当时只有门户网站需要搜索服务。2001年夏天，我做了这样一个决定，从一个藏在门户网站后面的技术服务商，转型做一个拥有自己品牌的独立搜索引擎。这是百度发展历程中唯一的一次转型，但会得罪几乎所有的客户，所以当时遭到很多投资者的反对。但当我把视线投向若干年以后时，我不得不坚持自己的观点。大家知道，后来我说服了投资者，所以才有了大家今天看到的百度。百度从后台走向了前台，加上我们的专注与努力，今天运营着东半球最大的网站。

"而事实上，从创立百度的第一天，我的理想就是'让人们最便捷地获取信息'。这个理想不局限于中文，不局限于互联网。作为一名北大信息管理系的学生，我很幸运地在前互联网时代、在大学时就理解了信息与人类的关系和重要性。所以，百度从第一天起，就胸怀远大理想：我们希望为所有中国人，以致亚洲，以致全世界的人类，寻求人与信息之间最短的距离，寻求人与信息的相亲相爱。所以说：视野有多远，世界就有多大。"

正是因为有这样的远见，李彦宏才能够成就今天的百度。

凯瑟琳·罗甘说："远见告诉我们可能会得到什么东西，远见召唤我们去行动。心中有了一幅宏图，我们就能把身边的物质条件作为跳板，跳向更高、更好的境界，从一个成就走向另一个成就。这样，我们就拥有了无可衡量的永恒价值。"

远见会给一个企业带来巨大的利润，为一个企业打开机会之门。远见可以增强一个人的发展潜力，一个人越有远见，他就越有潜能。远见会使你的工作与生活轻松愉快。它赋予你成就感，赋予你乐趣。当那些小小的成绩为更大的目标服务时，每一项任务都成了一幅更大的图画的重要组成部分。

远见会为你的工作增添价值。同样，当我们的工作是实现远见的一部分时，每一项任务都具有价值，哪怕是最单调的任务也会给你满足感，因为你看到更大的目标正在实现。

如果你有远见，那么你实现目标的机会就会大大增加。美国商界有句名言："愚者赚今朝，智者赚明天。"着眼于明天，不失时机地发掘或改进产品或服务，满足消费者新的需求，会独占鳌头，形成"风景这边独好"的佳境。打牌的时候也是这样，走当前的一步，要考虑下几步可能出现的情况，对自己出牌的思路做出相应的调整，这样才可能笑到最后。

19 世纪 80 年代，约翰·洛克菲勒已经以他独有的魄力和手段控制了美国的石油资源，这一成就主要受益于他那从创业中锻炼出来的预见能力和冒险胆略。1859 年，当美国出现第一口油井时，洛克菲勒就从当时的石油热潮中看到了这项风险事业是有利可图的。他在与对手争购安德鲁斯－克拉克公司的股权中表现出了非凡的冒险精神。拍卖从 500 美元开始，洛克菲勒每次都比对手出价高，当达到 5 万美元时，双方都知道，标价已经大大超出石油公司的实际价值，但洛克菲勒满怀信心，决意要买下这家公司。当对方最后出价 72 万美元时，洛克菲勒毫不迟疑地出价 72.5 万美元，最终战胜了对手。

当他所经营的标准石油公司在激烈的市场竞争中占据了美国市场上炼制石油的 90% 的市场份额时，他并没有停止冒险行为。19 世纪 80 年代，利马发现了一个大油田，因为含碳量高，人们称之为"酸油"。当时没有人能找到一种有效的办法提炼它，因此一桶只卖 15 美分。洛克菲勒预见到这种石油总有一天能找到提炼方法，坚信它的潜在价值是巨大的，所以执意要买下这个油田。当时他的这个建议遭到董事会多数人的坚决反对。洛克菲勒说："我将冒个人风险，自己拿出钱去购买这个油田，如果有必要，拿出 200 万、300 万美元也在所不惜。"洛克菲勒的决心终于迫使董事们同意了他的决策。结果，不到两年时间，洛克菲勒就找到了炼制这种"酸油"的方法，油价由每桶 15 美分涨到 1 美元，标准石油公司在那里建造了当时世界上最大的炼油厂，赢利猛增到几亿美元。

远见就是在人类的巨大画卷中洞察到未来的情景。只有看到别人看不见的事物的人，才能做到别人做不到的事情。这就如打牌一样，在出这一张牌后，就要预见到后几张牌会怎么出，这样才能成为最后的赢家。

　　远见是成功者必备的素质之一，每一个渴望成功的人都要有意识地培养自己的远见。不管遇到什么问题和障碍，只要长期不懈地努力，就能实现自己的梦想。

"破冰之船" 如何行万里

> 　　当牌出到一半的时候，你可能开始犹豫是否还要坚持打下去，因为局势看起来明显没有打下去的必要。但此时若放手，你可能就大错特错了，因为此时可能对方手里还有一张非常坏的牌，如果坚持下去，你就胜利了。

　　成功在于不断努力。不要因为途中遇到种种阻挠就丧失信心，其实"破冰之船"也能行万里。当破冰船上强大的机器开动时，能把自己的船首移到冰面上去，它的船首的水下部分就是因为这个缘故造得非常斜。船首出现在冰面上的时候，就恢复了自己的全部重量，而这个极大的重量就能把冰压碎。遇到更厚的冰块时，就要用船的撞击力来制服它。这时候破冰船就得向后退，然后用自己的全部重量向冰块猛撞。若是几米高的冰山，破冰船就得用它坚固的船首猛烈撞击几次才能将它们撞碎。

　　其实人也可以像这破冰之船一样，只要有坚持破冰的毅力，照样可以行万里。

　　你可能常常埋怨自己技不如人，但你想过其中的原因吗？静下心，回顾一下你学习和工作的历程，你是不是有这样的缺点：不能把某件事情漂亮地干完，做事常常半途而废。这是成功的大忌。伏尔泰说："要在这个世界上获得成功，就必须坚持到底；剑到死都不能离手。"请记住：只有坚持才能获得成功。其实有时候，你所从事的事业并不是十分困难，成功需要的多半是你的恒心。

日本有个电视剧叫作《第一百零一次求婚》，男主人公星野达郎不论是在外形上还是在工作上都让许多女性望而却步，在 99 次相亲失败后，达郎感到自卑、失望，但是他还是没有放弃。在第一百次的相亲中，他遇到了漂亮的大提琴手矢吹薰，对她一见钟情。但这么优秀、漂亮的女孩又怎么会对达郎产生感情呢？但是最后她还是在达郎的真情和他的坚持不懈中答应了达郎的求婚。但是在举行婚礼前，薰遇到了一个跟她死去的男朋友外形、气质特别相似的男人，并被他吸引。达郎为此伤心不已，但是他在一段时间之后振作起来，为律师考试奋斗。最终，薰想起达郎的种种关心，加上后来遇到的这个男人根本就不是她的男朋友，只是她的幻觉。她被达郎的一片真心所感动，在一个夜里，矢吹薰穿着洁白的婚纱，去工地上找到了达郎，并捡起地上的螺丝钉作为戒指……

虽然这是电视剧，可是与现实联系得很紧密。如果说开始时达郎因为自卑就放弃了，或者在不断被拒绝的时候就放弃了，他就不会赢得薰的爱。但是在坚持中，达郎成功了。所以在生活中，还没有走到最后一步，谁也不要说自己输了，只要坚持，完全有可能赢。

有一次，有人问小提琴大师弗里兹·克莱斯勒："您怎么演奏得这么棒，是不是运气好？"他回答道："是练习的结果。如果我一个月没有练习，观众能听出差别；如果我一周没有练习，我的妻子能听出差别；如果我一天没有练习，我自己能听出差别。"

坚持不懈便意味着有决心。当我们精疲力竭时，放弃看起来更好，但成功者忍住了。如果问一问取得成功的运动员，他们一定忍受了痛苦并完成了他们所开始的事情。很多失败者都有一个很好的开端，却没有产生任何结果。不过面对失败，只要继续坚持，继续努力，你就会成功。

如果你失败了，不妨扪心自问：在遇到各种困难的时候我坚持了吗？打牌时，你看到手里的几张牌，再看看牌到中途，可能觉得打下去也不可能赢，你就要主动放弃。如果你真这样做了，那你离赢可能只差一步之遥，因为对方手里可能还有一张特别坏的牌。

第三章

决定输赢的不是牌的好坏，而是你的心态

心向着太阳，就能"开花"

> 　　牌局中的输赢、成败往往是人的心态造成的。一个有着积极向上心态的人总会看到成功的希望，也一定会等到赢牌的时刻。

　　心理学家认为，一个人具有什么样的心态，他就会成为什么样的人，也就会拥有一个什么样的人生。事情往往是这样，你相信会有什么结果，就可能会有什么结果。这说明一个人可以通过改变自己的心境来改变自己的生活。如果人的心是向着太阳的，那么就一定会"开花"。

　　伟大的心理学家阿德勒穷其一生都在研究人类及其潜能，他曾经宣称他发现了人类最不可思议的一种特性——"人具有一种反败为胜的力量"。戴尔·卡耐基讲述了一位叫汤姆森太太的故事，正好印证了这一点。

　　第二次世界大战时，汤姆森太太的丈夫到一个位于沙漠中心的陆军基地去驻防。为了能经常与他相聚，她也搬到附近去住，离陆军基地不远。那实在是个可憎的地方，她简直没见过比那儿更糟糕的地方。她丈夫出外参加演习时，她就只好一个人待在那间小房子里。那里热得要命——仙人掌树荫下的温度高达50摄氏度，没有一个可以谈话的人；风沙很大，到处都充满了沙子。

　　汤姆森太太觉得自己倒霉到了极点，觉得自己好可怜，于是她写信给她的父母，告诉他们她放弃了，准备回家，她一分钟也不能再忍受了，她宁愿去坐牢也不想待在这个鬼地方。她父亲的回信只有3句话，这3句话常常萦绕在她的心中，并改变了汤姆森太太的一生："有两个人从铁窗朝外望去，一个人看到的是满地的泥泞，另一个人却看到满天的繁星。"

于是，她决定找出自己目前处境的有利之处。她开始和当地的居民交朋友。他们都非常热心，当汤姆森太太对他们的编织和陶艺表现出极大的兴趣时，他们会把拒绝卖给游客的心爱之物送给她。她开始研究各式各样的仙人掌及当地的其他植物，试着认识土拨鼠，观赏沙漠的黄昏，寻找300万年前的贝壳化石。

是什么给汤姆森太太带来了如此惊人的变化呢？沙漠没有改变，改变的只是她自己，因为她的心态变了。正是这种改变使她有了一段精彩的人生经历，她发现的新天地令她既兴奋又觉得刺激，于是她开始着手写一部小说，讲述她是怎样逃出了自筑的牢狱，找到了美丽的星辰。

汤姆森太太的故事说明了这样一个朴素的道理：人可以通过改变自己的心境来改变自己的人生。这充分证明了心态的重要性，调整心态的能力对于每个人来说都是不可或缺的。

环境没有改变，改变的是一个人的心态；同样的环境，可能造就两个完全不同的人。改变一个人的心态，很可能就会改变这个人的世界。有这样一个故事：

英国有一个乐观的流浪汉，从不拜上帝，这令上帝很不开心，上帝觉得他的权威受到了挑战。

流浪汉死后，为了惩罚他，上帝便把他关在很热的房间里。7天后，上帝去看望这位乐观的流浪汉，看见他非常开心，上帝便问："身处如此闷热的房间7天，难道你一点儿也不觉得辛苦？"乐观的流浪汉说："待在这间房子里，我便想起在公园里晒太阳，当然十分开心啦！"（英国一年难得有好天气，一旦晴天，人们都喜欢去公园晒太阳。）

上帝很不开心，便把这位快乐的流浪汉关在一间寒冷的房间。7天过去了，上帝看到这位流浪汉依然很开心，便问："这次你为什么开心呢？"流浪汉回答说："待在这寒冷的房间，便让我联想起圣诞节快到了，这就可以收到很多圣诞礼物，能不开心吗？"

上帝又不开心，便把他关在一间阴暗又潮湿的房间里。7天又过去了，流浪汉仍然很高兴，这时上帝有点困惑不解，便说："这次你能说出一个让我信服的理由，我便不再为难你。"这个快乐的人说："我是一个足球迷，但我喜欢的足球队很少有机会赢。但有一次赢了，当时就是这样的天气，所以每次遇到这样的天气，我都会很高兴，因为这会让我联想起我喜欢的足球队赢了。"上帝无话可说，只好给了这个流浪汉自由。

在不同的环境中，这个快乐的流浪汉总能找到快乐的事，即使他面临的是困境，也不会把注意力放到严苛的现实，而是转移到与之相关的快乐方面。

美国著名心理学家威廉·詹姆斯说："我们这一代人最重大的发现就是，人能通过改变心态从而改变自己的一生。"的确，如果人生是场牌局，那最终的结果往往是因为人的心态造成的，你觉得自己是什么样的结果，最终便会是什么结果。

抓牌靠的是运气，打牌靠的是心气

有一手好牌靠的是运气，这样的运气也只是极少数人才有，大部分人手中的牌实际上都差不多。但是一个拥有良好心态的人却对什么牌都泰然处之，他最终将取得胜利。

很多人常常会这样给自己找借口：

"我从来就未曾真正有过一个奔向美好前程的机会。你知道，我的家庭环境很糟。"

"我是在农村长大的，你绝对体会不到那种生活。"

"我只受过小学教育，我们家很穷。"

"我机遇不好。"

......

他们所给出的理由无一例外的都是些关于自己失败的客观原因和悲剧性的故事。实际上，他们是想说：世界给了他们不公平的待遇。他们是在责备他们身处的世界和境况，责备他们的遗传和身世。其实，很少有人一生下来就是幸运的，只是有的人在后天的成长中似乎变得幸运了。幸运的人之所以幸运是因为他们不相信命运，或者他们始终相信命运之神总有一天会眷顾自己，在失意的时候不放弃。不幸的人之所以不幸是因为他们自暴自弃，在艰难险阻面前低下了头。

困难、挫折、失败和胜利、喜悦、幸福是轮换的，人生总是这样顺逆交替，有如黑夜、白天或四季的变更。但是在现实生活中，能看清这一点的人其实并不多，这是因为并不是所有的人都能调整好自己的心态。只有那些能调整好心态的人才能跨越困境。

大文豪巴尔扎克说："世界上的事情永远不是绝对的，结果完全因人而异。苦难对于天才而言是一块垫脚石，对于能干的人来说是一笔财富，对弱者来说则是一个万丈深渊。"

在美国，有一个穷困潦倒的年轻人，即使把身上全部的钱加起来都不够买一件像样的西服的时候，他仍全心全意地坚持着自己心中的梦想，他想做演员、拍电影、当明星。当时，好莱坞共有500家电影公司，他逐一数过，并且不止一遍。后来，他又根据自己认真拟定的路线和排列好的名单顺序，带着自己写好的量身定做的剧本前去拜访。但一趟下来，500家电影公司没有一家愿意聘用他。

面对百分之百的拒绝，这位年轻人没有灰心，从最后一家被拒绝的电影公司出来之后，他又从第一家开始，继续他的第二轮拜访与自我推荐。在第二轮的拜访中，500家电影公司依然全部拒绝了他。

第三轮的拜访结果仍与第二轮相同，这位年轻人又开始他的第四轮拜访。当拜访完第349家后，第350家电影公司的老板破天荒地答应让他留下剧本先看一看。

几天后，这个年轻人得到通知，请他前去详细商谈。就在这次商谈中，这家公司决定投资开拍这部电影，并请这位年轻人担任自己所写剧本中的男主角。这部电影名叫《洛奇》。这位年轻人名叫席维斯·史泰龙。现在翻开电影史,这部叫《洛奇》的电影与这个日后红遍全世界的巨星皆榜上有名。

类似的成功之士不胜枚举，他们之所以能从绝望中腾飞，从贫苦中奋起，都是因为少了一份自暴自弃，多了一点执着和坚毅，并对自己的能力深信不疑。也唯有拥有这样良好的心态，他们才得以成功。

科学史上的名人富兰克林也曾有过同史泰龙类似的遭遇。

他当年的电学论文曾被科学权威不屑一顾，皇家学会刊物也拒绝刊登；第二篇论文又引来皇家学会的一阵嘲笑。他的论文被朋友们设法出版后，因论点与皇家学院院长的理论针锋相对，富兰克林遭到这位院长的人身攻击。但富兰克林没有被挫折吓倒，没有放弃自己的科学信念，而是更积极地投入实验，以实践来证实自己的理论。他冒着巨大的生命危险进行了有名的风筝引电实验，终于获得了成功。于是，他的著作被译成德文、拉丁文、意大利文，得到了全欧洲的认可。

困境时常来临，人们给予它们的颜色或为黑或为灰，然而如果没有它们的锤炼，哪来五彩斑斓的人生？面对困境，我们或许是因为懒惰，不愿意从困境中走出来。当一个人的心被懒惰与麻木占据时，他就会处于绝望与消极的状态，尽管他能意识到自己必须改变，但是他却没有行动起来。这其实也是缺少良好的心态去应对困难的表现，所以就很难有动力去做好它。

成功源自良好的心态，拥有良好的心态，即使你的能力稍差，你也可以通过勤奋和敬业弥补。只要你能持之以恒，你的能力就会得到很大提高，成功离你也就不会太远了。

我们无法选择命运给我们的安排，或贫穷或富贵，或聪慧过人或愚钝难教化，但我们可以选择对待和接受命运的态度。

遭遇逆境并不等于给我们的命运宣判"死刑"，真正的法官永远是我们自己。只有我们自己才有资格对神圣的生命做出判决，而调整心态的能力将影响你手中的判笔。

在牌场上，握有一手好牌的人毕竟只是少数，在大部分人的牌差不多的情况下，心态好的人才能成为赢家。

欲望如同吃自助：扶墙进，扶墙出

四人打牌，有人可能会抱怨自己的牌烂，但对于那些在旁边观看的看客来说，有牌打总比没牌打好得多。

人很多时候是很贪心的，就像很多人形容的那样：吃自助的最高境界是扶墙进、扶墙出。进去扶墙是因为饿得发昏，四肢无力，而扶墙出则是因为撑得路都走不了了。人愿意活受罪是因为怕吃亏。而有些时候，人总是对自己不满，还是因为太贪心，什么都想得到。

很多人常常觉得自己的生活不够完美：觉得自己的个子不够高，身材不够好，自己的房子不够大，自己的工资不够高，自己的老婆不够漂亮，自己在公司工作好几年了却始终没有升职……总之，对于自己拥有的一切都感到不满，觉得自己不幸福。真正不快乐的原因是：不知足。一个不知足的人，即使有金屋银屋摆在面前也不会快乐；一个知足的人，即使住在茅草屋中也会快乐的。一个人拥有总比没有好多了。

剑桥大学教授安德鲁·克罗斯比常说："真正的快乐是内心充满喜悦，是一种发自内心地对生命的热爱。"不管外界的环境和遭遇如何变化，都能保持快乐的心情，这就需要一种知足的心态。

知足者常乐。因为对生活知足，所以他会感激上天的赠予，用一颗感恩的心去感谢生活，而不是总抱怨生活不够照顾自己。

有一个村庄，里面住着一个独眼的瞎爷。

瞎爷9岁那年一场高烧后，左眼就看不见东西了。他的爹娘顿时泪流满面，独生儿子瞎了一只眼睛可怎么办呀？不料他却说，自己左眼瞎了，右眼还能看得见呢！总比两只眼都瞎了要好！比起世界上的那些双目失明的人，不是要强多了吗？儿子的一番话，让爹娘停止了流泪。

他的家境不好，爹娘无力供他读书，只好让他去私塾里旁听。他的爹娘为此十分伤心，瞎爷劝道："我如今也已识了些字，虽然不多，但总比那些一天书没念、一个字不识的孩子强多了吧？"爹娘一听也觉得安然了许多。

瞎爷娶了个嘴巴很大的媳妇。爹娘又觉得对不住儿子，瞎爷却说，和世界上的许多光棍汉比起来，自己是好到天上去了！这个媳妇勤快、能干，可脾气不好，常把婆婆气得心口疼。瞎爷劝道：天底下比她差得多的媳妇还有不少。媳妇脾气虽是暴躁了些，不过很勤快，又不骂人。爹娘一听真有些道理，怄的气也少了。

瞎爷的孩子都是闺女，于是媳妇总觉得对不起他们家。瞎爷说，世界上有好多结了婚的女人，压根儿就没有孩子，等日后老了，5个女儿女婿一起孝敬他们多好！比起那些虽有儿子几个，却妯娌不和、婆媳之间争得不得安宁要强得多！

可是，瞎爷家确实贫寒得很，妻子实在熬不下去了，便不断抱怨。瞎爷说，比起那些拖儿带女四处讨饭的人家，饱一顿饥一顿，还要睡在别人的屋檐下，弄不好还会被狗咬一口，就会觉得日子还真是不赖。虽然没有馍吃，可是还有稀饭可以喝；虽然买不起新衣服，可总还有旧的衣裳穿；房子虽然有些漏雨的地方，可总还是住在屋子里边。和那些讨饭维持生活的人相比，可算是很好了。

瞎爷老了，想在合眼前把棺材做好，然后安安心心地走。可做的棺材属于非常寒酸的那一种，妻子愧疚不已。瞎爷却说，这棺材比起富豪大家们的上等柏木是差远了，可是比起那些穷得连棺材都买不起、尸体用草席卷的人，不是要强多了吗？

瞎爷活到72岁，无疾而终。在他临死之前，对哭泣的老伴说："有啥好哭的，我已经活到72岁了，与那些活到八九十岁的人比不算高寿，可是比起那些四五十岁就死了的人，我不是好多了吗？"

瞎爷死的时候，神态安详，脸上还留有笑容……

瞎爷的人生观，正是一种乐天知足的人生观，永远不和那些比自己强的人攀比，用自己的拥有与那些没有拥有的人进行比较，并以此找到了快乐的人生哲学。

很多时候，我们就缺少瞎爷的这种心境，当我们抱怨自己的衣服都不是名牌的时候，是否想到还有很多人连一套像样的衣服都没有；当我们抱怨自己的孩子没有拿第一的时候，是否想到那些根本上不起学的孩子；当我们抱怨工作太累的时候，可否想到那些在街上摆小摊的小贩们，他们每天起早贪黑，根本没有工夫去抱怨……其实，我们已经过得很好了，我们能够在偌大的城市拥有自己的房子，哪怕只是租的；我们不用为吃饭发愁；我们拥有体贴疼爱自己的妻子；我们有可爱的孩子；有对自己牵肠挂肚的父母……实际上我们已经拥有得够多了，还有什么不满意的呢？快乐也是在知足中获得。

生活就好比打牌，即使你手中的牌再烂，你总是有牌可打，相对于那些只能在旁边看的看客来说，你比他们好多了。人生因知足而趣味无穷，珍惜拥有的一切，让人生没有遗憾！

输赢那点事儿

打牌当有一颗平常心，无论是输牌还是赢牌，都当努力地做好眼前的事情。输赢成败是常有的事情，笑看输赢成败，宠辱不惊才能打好后面的牌。

面对人生的输赢成败，我们的情绪往往会随着这些一起起伏，或者大悲，或者大喜，心中总难平静。其实人生就是由一连串的悲喜组成的，就像牌局，有赢有输。只有平常心才能真正把握牌局。

　　从前，有一个老童生考秀才，已经考得胡子都白了，仍没考取。有一年，他与儿子同科应考。到了放榜的那一天，他正在屋里洗澡，儿子看榜回来，高兴地大声报喜："父亲，我已经考取了。"

　　老童生在屋里一听，便大声呵斥："考取一个秀才算得了什么？这样沉不住气！"儿子一听，吓得不敢再大叫，便轻轻地说："父亲，你也考取了。"老童生一听，忘了自己正光着身子，连衣服还没穿上，就忙打开房门，大声呵斥："你怎么不先说！"

　　这个故事不禁让人哑然失笑，老童生训斥儿子不能以一颗平常心面对输赢成败，沉不住气，可他自己更不能平静地面对人生的得失。

　　生活中有很多人都如同这个老童生一样，面对人生的起伏不能自已，成功了便开始洋洋得意，甚至自以为是，失败了便垂头丧气，一蹶不振，对生活的其他方面都失去了兴趣。逢人夸就觉得自己很了不起，遇到别人批评就觉得处处不如人，这便是生活中的某些人，他们在得意时忘形，在失意时忘了自身的价值。

　　人生如同一叶扁舟，每个人都是自己的掌舵者，小舟在前进的过程中会有晴天，风和日丽，让你神清气爽，但是也难免会遇到雨天，遇到风浪。不管是晴天还是雨天，掌舵人需要做的就是努力地掌好自己的舵，在风和日丽的时候不忘记也可能随时遇到危险，在风浪大的时候更是要努力让自己的小舟在风雨之中能够立足。假若在风和日丽的时候太得意忘形，或者在风雨交加的时候惧怕前行，那么人生的小舟随时都可能被大海无情地吞没。人生当以一颗平常心去面对，无论是晴天还是风雨，都当努力地做好眼前的事情。输赢成败乃是人生的常态，笑看输赢成败，宠辱不惊才能走好生活的路。

　　一个笑看输赢成败的人是一个沉稳的人。他能够在牌局中不断努力，踏踏实实走好每一步，不受外界环境干扰。赢的时候再接再厉，不会因为某次赢牌就得意扬扬，从此止步；也不会在输牌的时候怀疑自己的能力，而是平静地寻找输牌的原因，于是更加努力，不怨天尤人、垂头丧气，通过努力将输牌变成赢牌。

19世纪中叶，美国有个叫菲尔德的实业家，他率领工程人员，要用海底电缆把"欧美两个大陆连接起来"。为此，他成为美国当时最受尊敬的人，被誉为"两个世界的统一者"。在盛大的接通典礼上，刚被接通的电缆传送信号突然中断，人们的欢呼声变为愤怒的狂涛，都骂他是"骗子""白痴"。可是菲尔德对于这些只是淡淡一笑。他不做解释，只管埋头苦干，经过6年的努力，最终通过海底电缆架起了欧美连接之桥。在庆典上，他没上贵宾台，只远远地站在人群中观看。

世上有许多事情的确是难以预料的，人的一生，有如簇簇繁花，既有红火耀眼之时，也有暗淡萧条之日。面对成功或荣誉，要像菲尔德那样，不要狂喜，也不要盛气凌人，把功名利禄看轻些、看淡些，这样，面对挫折或失败，就不会再像《儒林外史》里的范进一样，乐极生悲。

在岁月的磨砺中，什么事情都可能遇到，而对于企业，对于每个人来说，能够做的就是以一颗平常心去看待成败。人们常说"胜不骄，败不馁"，百折不挠，相信总有一天会成功的。不论是磨难还是幸福，都是生活的一部分，输得起才能赢得起，所以人当看淡输赢成败，只要努力了，就没有什么可遗憾的了！

莫要陷入"抱怨门"

当手持一副坏牌或者输牌的时候，有人抱怨上天的不公，为什么总让自己拿坏牌，可往往因为这样的抱怨会使下一场的牌输得更惨。

人生路上，当遇到逆境的时候，我们往往会听到很多抱怨的声音："我的出身不好"，"我家里没有钱"，"我上的学校不好"，"我没有一个有权有势的爸爸"，"我的男人比较穷"，"我的女人丑"，"我的工作条件不好，工资少，没有一个能赏识我的老板"……总觉得自己的生活不如意，天天抱怨。而我们也常常会发现，那些抱怨的人生活似乎一直都不怎么好。有时候抱怨会产生连锁反应，越抱怨，倒霉的事情越是接二连三，所以，我们千万不要陷入自己设置的"抱怨门"。

有这样一个故事：

孔雀向王后朱诺抱怨。它说："王后陛下，我不是来无理取闹的，但您知道吗？您赐给我的歌喉，没有任何人喜欢听。可您看那黄莺小精灵，唱出来的歌婉转动听，它独占春光，出尽风头了。"

朱诺听到如此言语，严厉地批评道："你赶紧住嘴，嫉妒的鸟儿，你看你脖子四周，如一条七彩丝带；当你行走时，舒展的华丽羽毛，就好像色彩斑斓的珠宝。你是如此美丽，这世界上没有任何一种鸟能像你这样受到人们的喜爱。一种动物不可能具备世界上所有动物的优点。我赐给大家不同的天赋，是要大家彼此相融，各司其职。所以我奉劝你不要抱怨，不然的话，作为惩罚，你将失去你美丽的羽毛。"

孔雀羡慕黄莺清脆的嗓子，所以抱怨自己为什么没有拥有和黄莺一样婉转、美妙的歌喉，却不知道自己的美本来就让其他动物羡慕。由此看来，实际上抱怨者不是本身拥有的条件不够好，而是自己不知足。很多时候，当你不断地抱怨自己拥有的条件和资源少、不能取得成功时，后面的不成功就会排着长队等着你，接连不断地到来。

当你把大量的精力都用在了抱怨别人或者上天的不公时，用于努力改变局面的时间就少了。大量的抱怨会让你在自己的抱怨声中不断地肯定自己的不幸，在无形之中会在大脑里形成自己成功的道路为什么这样艰难以及上天对自己不公的想法，所以在下一次困难来临时，又开始抱怨，而如何去战胜困难，如何能够摆脱这种局面的方法早已经被抛之脑后。所以爱抱怨的人更容易失败，而且失败是一个接着一个。

喜欢抱怨的人不断向别人抱怨着自己的不幸，起初可能还会有人同情，但是久而久之，人们会讨厌爱抱怨的人。人们喜欢和那些乐观的人在一起，而不愿意和整天发牢骚的人在一起。这样，喜欢抱怨的人不仅自己在事业上不断落后，在人际关系上也会越来越糟，会导致你更加沮丧，会觉得上天真的对你太不公了。实际上这一切都是你无形中造成的。

面对生活，永远不要忧虑，不要发牢骚。如果我们一直向上看，生活积极乐观，工作勤奋努力，就一定会得到幸福。地底下的种子从不抱怨成长的过程中碰到的顽固的石头和沙砾，而是不断地把自己柔嫩的绿芽一点一点向上顶出，绕过石头和沙砾，坚韧勇敢地生长着，直到露出地面，长出枝叶，并开花结果。

生活中，当我们个人或者企业遇到困难的时候，首先不要怨天尤人，而是应该努力寻找解决困难的方法，这样才能让企业走出困境，让人走出困难的沼泽，向成功迈进。

当手持一副坏牌或者输牌的时候，有人会抱怨连连，他不去想怎样尽量打好牌，而只是沉浸在沮丧等情绪中，这样，最后的输家一定是他。所以，少一分抱怨，多一分思考和努力，无论手中持什么牌，你最终都会是赢家。

打好牌：勿忘"屏蔽"浮躁

在牌局中，能打赢的往往不是那些心浮气躁，想在开局的前两轮就赢牌的人，而是那些有耐心，冷静地对待得失成败，认真地一步步走过来的人。

"浮躁"在字典里解释为："急躁，不沉稳。"浮躁常常表现为：心浮气躁，心神不宁；自寻烦恼，喜怒无常；见异思迁，盲动冒险；患得患失，不安分守己；这山望着那山高，既要鱼也要熊掌；静不下心来，耐不住寂寞，稍不如意就轻易放弃，从来不肯为一件事倾尽全力。

随着经济的发展，这种浮躁的气息在社会中蔓延，几乎触及了参与其中的每一个人：某些官员急功近利，大搞不切实际的形象工程；演员不苦练基本功，却借助绯闻来炒作自己；商人不一心一意经营自己的产业，却去炒股、炒房；学生不专心念书，却妄想通过不相干的社会活动增加综合测评分数或通过考试作弊拿到高分。还有的人做事具有更强的目的性，交朋友具有更强的工具性，处世具有更强的功利性。很多人都想成功，却总是被成功拒之门外。

有一个人叫小付，人们发现，小付无论学什么都是半途而废。小付从未获得过什么学位，他所受过的教育也始终没有用武之地，但他的祖辈为他留下了一些本钱。他拿出 10 万元投资办一家煤气厂，可造煤气所需的煤炭价钱昂贵，这使他大为亏本。于是，他以 9 万元的售价把煤气厂转让出去，开办起煤矿来。可又不走运，因为采矿机械的耗资大得吓人，因此，小付把在矿里拥有的股份变卖成 8 万元，转入了煤矿机器制造业。

从那以后，他便像一个滑冰者，在有关的各种工业部门中滑进滑出，没完没了。

正如小付困惑的那样，为什么自己付出那么多，却终究一事无成呢？答案很简单，小付总是这山望着那山高，急于追求更高的目标，而不是在一个既定的目标上下功夫。要知道，摩天大厦也是从打地基开始的。小付这种浮躁的心态只能导致他最后落个两手空空。

很多人在做事情的时候不能静下心来扎扎实实地从基础开始，总是觉得踏踏实实做事情的方法很笨，于是做什么事情都求快，想以最小的付出获得最大的利益。浮躁的心态让人不会专注地做一件事情，所以也就很难成功。在人生的牌局中，要想赢牌，浮躁就是最大的敌人。

在电视剧《士兵突击》中，许三多显然是一个"异类"，他不明白做人做事为什么要如此复杂，一切投机取巧、偷奸耍滑的世故做法他都做不来，或者根本就没有想过。他有的只是本性的憨厚与刻入骨中的执着。他做每一件小事都像抓住一根救命稻草一样，投入自己所有的能量和智慧，把事情做到最好。他这样做并不是为了得到旁人的赞赏与关注，只是因为这是有意义的。他面对困难从来不说"放弃"，而是默默地承受，慢慢地解决，毫无抱怨，绝不气馁。当一个又一个问题被他以执着的劲头解决之后，他俨然成长为了一个巨人。他不会面对诱惑放弃忠诚，当老 A 部队的队长向他发出邀请时，许三多用一句"我是钢七连的第四千九百五十六个兵"做出了态度鲜明的回答。

"许三多"已成为家喻户晓的人物形象，他被定格为一种沉稳、踏实的文化符号，成为"浮躁"的反义词。很多人开始做事情时会满腔热血，但慢慢地这种热情会消退，最后就会放弃。是什么原因让那么多人半途而废呢？是急于求成、不愿直面困难的浮躁心理。很多人好高骛远，总是急于看到事情的结果，而不能忍受事情完成的过程，当他们觉得这些事情没有意义时，于是选择了放弃。

在当今市场经济的大背景下，很少有人能按捺住自己一颗浮躁的心，因而变得越发盲目和急功近利。浮躁是一种情绪，一种并不可取的生活态度。人浮躁了，会终日处在又忙又烦的应急状态中，脾气会暴躁，神经会紧绷，长久下来，会被生活的急流所挟裹。凡成事者，要心存高远，更要脚踏实地，这个道理并不难懂。

踏实、沉稳，心平气和、不急不躁，抛开浮躁的心态，从身边的小事做起，脚踏实地地坚持，坚忍不拔地努力，我们才有可能达成人生的目标，走到成功的那一步。

"晒晒"自己的优点

> 每个人都有手握烂牌的时候，都会遇到牌局中的逆境，此时，自暴自弃是赢牌的大敌；而能够看到自身优势、自己给自己掌声的人才有可能创造奇迹。

很多人对自己的评价往往是这样的："我不行，我没有 ×× 的才干，我没有 ×× 貌美，我没有 ×× 有人缘，我是这几个人中最差的一个，我……"总之一堆消极的评价，这样的评价看起来没什么，实际上会对一个人的发展产生巨大的影响。

一个对自己具有消极评价的人在生活中做事情时总会缩手缩脚，不敢放开去做，所以自身的能力总得不到最大化的发挥。可想而知，一个发挥不出自己能力的人和一个将自己的能力得到极大发挥的人相比较，孰强孰弱，一目了然。

有时候即使有好的机会来临，对自己评价消极的人也会让机会白白溜走，因为他对自己没有信心，所以就不敢去抓住机会。人实际上应当多给自己一些积极的评价，这样会更有助于自己的成长。人应当适时"晒晒"自己的优点。

一个喜欢棒球的小男孩生日时得到一副新的球棒。他激动万分地冲出屋子，大喊道："我是世界上最好的棒球手！"他把球高高地扔向天空，举棒击球，结果没中。他毫不犹豫地第二次拿起了球，挑战似的喊道："我是世界上最好的棒球手！"这次他打得更带劲，但又没击中，反而跌了一跤，擦破了皮。男孩第三次站了起来，再次击球。这一次准头更差，连球也丢了。他望了望球棒道："嘿，你知道吗，我是世界上最伟大的击球手！"

后来，这个男孩果然成了棒球史上罕见的神击手。

是自我激励给了他力量，是自我激励成就了小男孩的梦想。也许有一天，我们也能像那个小男孩一样登上成功的顶峰，那时再回首，我们会看见通往成功的道路上，除了脚印、汗水、泪水外，还有一个个驿站，那便是自己给自己的一个个积极的评价。

每个人都需要给自己一个积极的评价，特别是当你身处逆境的时候，赞美自己可以使你更加自信。尼采说："每个人距自己是最远的。"这句话的意思是说，人类最不了解的是自己，最容易疏忽的也是自己。

有人说，演员必须有人赞美，如果好长时间没人赞美，他就应自己赞美自己,这样才能使自己经常保持演出激情。员工需要老板的褒奖,学生需要老师的表扬,孩子需要父母的肯定,都是一个道理。人们的心灵是脆弱的,需要经常得到激励与抚慰,常常自我激励、自我表扬,会使自己的心灵快乐无比,时常保持自信的感觉。

一个人只有时刻保持自信和快乐的感觉,才会在不顺心的生活中更加热爱生命,热爱生活。只有快乐、愉悦的心情,才能激发人的创造力和人生动力;只有不断给自己创造快乐,才能远离痛苦与烦恼,才能拥有快乐的人生。

自我赞美,会成为创造奇迹的动力。当年拿破仑在奥辛威茨不得不面临与数倍于自己的强敌决战时,拿破仑对即将投入战斗的将士们说:"我的兄弟们,请你们记住:我们法兰西的战士,是世界上最优秀的战士,是永远都不可战胜的英雄!当你们冲向敌人的时候,我希望你们能高喊着'我是最优秀的战士,我是不可战胜的英雄'!"战斗中,法国将士高喊着"我是最优秀的战士,我是不可战胜的英雄"的口号,以一当十,大败奥、俄等国的联军。

给自己一个积极的评价,适时地赞美自己,你可以从中获得不可战胜的力量;可用自己自信的阳光融化心中的胆怯和懦弱;可以唤醒自己生命里沉睡的智慧和能力,从而推动事业的发展。赞美自己,你的灵魂从此将不再迷失在绝望的黑暗里……

人生是场牌局,当你手拿一副坏牌时,自暴自弃肯定会让你成为最后的输家。如果你能换一种眼光去看,找到这副牌的最佳出牌方法,自己给自己鼓励,你就可能成为最后的王者。

对于每个人、每个企业来说,渴望得到别人的赞美不容易,此时要懂得自己赞美自己,赞美会让自己自信,会催促自己奋进!

第四章

没有绝对的好牌，只有相对的转机

不炒自己鱿鱼，保留赢牌的机会

打牌的时候，如果我们遇到一次又一次的挫败，沮丧之情肯定会油然而生，不过越是这个时候越不能放弃。只要你不放弃赢牌的机会，赢牌的机会也不会放弃你。

很多人在生活上、事业中屡屡受挫，经过多次打击后，会逐渐丧失了信心，变得自暴自弃，在成功的机会到来之前，就提前把自己给淘汰了。事实上，在成功的路上没有人去限制你，除了你自己，而我们常常会在别人没有炒自己鱿鱼的时候，自己把自己给炒了。人生的机遇有千千万，能把握住机遇的人才能够在人生的道路上越走越远。

美国前总统罗纳德·里根曾讲述过这样一段亲身经历：

每当里根失意时，他的母亲就这样说："最好的总会到来，如果你坚持下去，总有一天你会交上好运。并且你会认识到，要是没有从前的失望，那是不会发生的。"

他母亲说得很正确，当里根于1932年大学毕业后，也明白了这个道理。当时里根计划在电台找份工作，然后再设法去做一名体育播音员。于是，里根就搭便车去了芝加哥，敲开了每一家电台的门，但每次都碰一鼻子灰。在一间播音室里，一位很和气的女士告诉他，大电台是不会冒险雇用一名毫无经验的新手的，并且劝告里根去试试找家小电台，那里可能会有机会。

里根又搭便车回到了伊利诺伊州的迪克逊。虽然迪克逊没有电台，但里根的父亲说，蒙哥马利·沃德公司开了一家商店，需要一名当地的运动员去经营它的体育专柜。由于里根在迪克逊中学打过橄榄球，于是就提出了申请。那工作听起来正合适，却未能如愿。里根非常失望，母亲提醒他说："最好的总会到来。"父亲借车给他，于是里根驾车来到了特莱城。

里根试了试爱荷华州达文波特的 WOC 电台。节目部主任是位很不错的苏格兰人，名叫彼得·麦克阿瑟，他告诉里根说他已经雇用了一名播音员。当里根离开他的办公室时，受挫的郁闷心情一下子发作了，里根大声地说道："要是不能在电台工作，又怎么能当上一名体育播音员呢？"之后，里根突然听到了麦克阿瑟的叫声："你刚才说体育什么来着？你懂橄榄球吗？"接着他让里根站在一架麦克风前，叫里根凭想象播一场比赛。结果，里根被录用了。

里根正是因为有着这种坚持不懈的精神，相信总有一天会成功，他牢牢地抓住身边的每一次机会，才会最终让机会抓住了他。事实上每个人都有这样那样的机会，只是有的人抓住了机会，有的人没有耐性，放弃了机会。

历史上许多伟大的成功者，都是靠持久心而有所成就的，他们都在默默地等待着机会的来临。发明家在埋头研究的时候是何等的艰苦，一旦成功，又是何等的愉快。世界上一切伟大的事业，都在坚忍勇毅者的掌握之中，当别人开始放弃无法再做时，他们却仍然坚定地去做。他们都紧紧地抓住机会，努力展现自我，最终，机会也没有辜负他们。

很多人之所以放弃，不是他们追求不到成功，而是因为他们在心里默认了一个"心理高度"。这个高度常常暗示他们：我是不可能做到的，这个是没有办法做到的。于是，他们一次次地降低自己的标准，将本可胜任的成功机会拱手相让。其实，很多困难远没有你想象的那样恐怖，更不是牢不可破的。只要你摒弃固有的想法，尝试着重新开始，你就能摆脱以前的忧虑和消极心理，将机会牢牢地把握在自己的手中。

所以，我们应当及时摆脱自身"心理高度"的限制，打开制约成功的"盖子"，那么我们的发展空间和成功概率将会大大增加。现实中，一些有实力的职业者在职业发展过程中，特别是求职时，由于受到"心理高度"的限制，常常对一些比较好的工作机会（如合适的用人单位、升职机会、发展机会等）望而却步，结果痛失良机，甚至导致经常性的职场挫败感。

"心理高度"决定着我们的人生高度，一个人若想跳出人生的困局，有所作为，就要拨开心理阴霾，不能因为过去的挫败或眼前的困境而降低自己的人生标准，为自己的人生过早地盖上一个"盖子"。

面对人生各种境遇，要相信一切总会好的。抓住身边的每一次机会，说不准哪一次不经意的尝试，就会成为你人生的转折。只要你不放弃机会，机会也就会随时等着你的到来！

机遇没有彩排，只有直播

> 牌局中常常会出现非常好的赢牌机会，那些懂得取胜的人会紧紧地抓住这来之不易的机会，而那些输牌的人则对机遇视而不见。

许多人坐等机会，希望好运从天而降，这些人往往难成大事。而成功者则往往是积极准备，一旦机会降临，便能牢牢地把握。机遇对于每个人来说，没有彩排，只有直播。

有位年轻人，想发财想得发疯。一天，他听说附近深山里有位白发老人，若有缘与他相见，则有求必应，肯定不会空手而归。于是，那位年轻人便连夜收拾行李，赶到深山去。他在那儿苦等了5天，终于见到了那个传说中的老人。他求老人给他好运。老人告诉他说："每天清晨，太阳未东升时，你到海边的沙滩上寻找一粒'心愿石'。其他的石头是冷的，而那颗'心愿石'却与众不同，握在手里，你会感到很温暖，而且会发光。一旦你寻找到那颗'心愿石'后，你所祈愿的东西就可以实现了！"

每天清晨，那个年轻人便在海滩上捡石头，发觉不温暖又不发光的，他便丢下海去。日复一日，月复一月，那个年轻人在沙滩上寻找了大半年，却始终也没找到温暖发光的"心愿石"。

有一天，他如往常一样，在沙滩开始捡石头。一发觉不是"心愿石"，他便丢下海去，一粒、二粒、三粒……

突然，年轻人大哭起来，因为他突然意识到：刚才他习惯性地扔出去的那块石头是温暖的……

当机遇到来时，如果你没有提前为机会做好准备，就会和这位年轻人一样将它习惯性地丢掉，与它失之交臂。生活中不是机遇少，只是我们对机遇视而不见。

这就和许多发明创造一样，看起来是偶然，其实那些发现和发明并非偶然得来的，更不是什么灵机一动或运气极佳。事实上，在大多数情形下，这些在常人看来纯属偶然的事件，不过是从事该项研究的人长期冥思苦想的结果。

人们常常引用苹果砸在牛顿的脑袋上，导致他发现万有引力定律这一例子，来说明所谓纯粹偶然事件在发现中的巨大作用。但人们却忽视了多年来，牛顿一直在为重力问题苦苦思索、研究这一现象的艰辛过程。苹果落地这一常见的日常生活现象之所以为常人所不在意，而能激起牛顿对重力问题的理解，能激起他灵感的火花并进一步做出异常深刻的解释，这是因为牛顿对重力问题有深刻的理解的结果。生活中，成千上万个苹果从树上掉下来，却很少有人能像牛顿那样得出深刻的定律来。

同样，从普通烟斗里冒出来的五光十色像肥皂泡一样的小泡泡，这在常人眼里就跟空气一样普通，但正是这一现象使杨格博士创立了著名的光干扰原理，并由此发现了光衍射现象。

人们总认为伟大的发明家总是论及一些十分伟大的事件或奥秘，其实像牛顿和杨格以及其他许多科学家，他们都是在研究一些极普通的现象。他们的过人之处在于能从这些人所共见的普遍现象中揭示其内在的、本质的联系，而这些都是凭着他们的全力以赴钻研得来的。只有这样为机遇做好了充分的准备，才能发现机遇，进而更好地抓住机遇。

所罗门说过："智者的眼睛长在头上，而愚者的眼睛是长在脊背上的。"心灵比眼睛看到的东西更多。有些人走上成功之路，不乏源于偶然的机遇。然而就他们本身来说，他们确实具备了获得成功机遇的才能。

好运气更偏爱那些努力工作的人。没有充分的准备和大量的汗水，机会就会眼睁睁地从身边溜走。对于机遇，它意味着需要你忍受无法忍受的艰苦和穷困，以及献身工作的漫漫长夜。只有为所从事的工作有充分的准备时，机会才会来临。

拿破仑·希尔说，任何人只要能够定下一个明确的目标，并坚守这个目标，时时刻刻把这个目标记在心中，那么，必然会获得意想不到的结果。

在日常生活中，常常会发生各种各样的事，有些事使人大吃一惊，有些事却毫无惊人之处。一般而言，使人大吃一惊的事会使人倍加关注，而平淡无奇的事往往不被人所注意，但它却可能包含着重要的意义。一个有敏锐洞察力的人，他会独具慧眼，留心周围小事的重要意义。人们也不能把目光完全局限于"小事"上，而是要"小中见大""见微知著"。只有这样，才能有更多发现机遇的机会。牌局中也一样，要善于发现牌局中微妙的变化，抓住有利时机赢牌。

我们应当随时为机遇做好热身，努力向着自己的目标奋斗，为目标做好准备，才能够在机遇来临的时候大显身手。

主动发牌，莫对机会欲说还"羞"

> 在牌局中，如果你总是等着出牌的最佳时机光顾你，那么你就错了，机会需要主动争取，而不是被动接受。

索福克勒斯这样说过："机会要靠自己争取，机会是一切努力之中最杰出的船长。"而比尔·盖茨曾教导微软的员工："只要你善于观察，你的周围到处都存在着机会；只要你善于倾听，你总会听到那些渴求帮助的人越来越弱的呼声；只要你有一颗仁爱之心，你就不会仅仅为了私人利益而工作；只要你肯伸出自己的手，永远都会有高尚的事业等待你去开创。"比尔·盖茨之所以能开创辉煌的事业，是因为他总是能够全力以赴，并以他独特的眼光发现身边转瞬即逝的机会。

　　生活中的许多人常常会舍近求远，到远处去寻找自己身边就有的东西。而机遇往往就在你的脚下。

　　有这样一个故事。

　　一位船长讲述道："天正渐渐地黑下来。海上风很大，海浪是一浪比一浪高。那晚上我们碰到了不幸的'中美洲'号，我给那艘破旧的汽船发了个信号打招呼，问他们需不需要帮忙。

　　"'情况正变得越来越糟糕。''中美洲'号的亨顿船长朝着我喊道。'那你要不要把所有的乘客先转移到我船上来呢？'我大声地问他。'现在不要紧，你明天早上再来帮我好不好？'他回答道。'好吧，我尽力而为，试一试吧。可是你现在先把乘客转到我船上不更好吗？'我问他。'你还是明天早上再来帮我吧。'他依旧坚持道。

　　"我曾经试图向他靠近，但是，你知道，那时是在晚上，夜又黑，浪又大，我怎么也无法固定自己的位置。后来我就再也没有见到过'中美洲'号。就在他与我结束对话的一个半小时后，他的船连同船上那些鲜活的生命就永远地沉入了海底。船长和他的船员以及大部分的乘客在海洋的深处为自己找到了最安静的坟墓。"

　　亨顿船长曾经离这个船长咫尺，但亨顿船长却没有抓住这个机会，在亨顿船长面对死神的最后时刻，他肯定深深的自责，但又有什么用？他的盲目乐观与优柔寡断使得许多乘客成了牺牲品！

　　其实，在我们的生活当中，有很多像亨顿船长这样的人，他们只有在失去之后才会幡然悔悟，认同了那句古老的格言"机不可失，时不再来"。然而，这时一切已经太迟了。

　　善于利用机会就如同给成功埋下了一粒种子，终有一天，这些种子会生根、发芽、结果，这会给他们自己或是别人带来更多的机会。每个一步一个脚印、踏踏实实工作的人其实正在离机会与幸福越来越近，可以选择的道路也会越来越宽，越来越平坦。牌局中，只有运用自己的主动性不断向机会靠近，才能赢得机会，所以面对赢牌的机会，千万不要对它欲说还"羞"，要抓住它才有成功的可能。

　　机会的大门是向所有的人敞开的，无论是头脑冷静、年富力强的科学家，还是温文尔雅的学生；无论是谨慎细致的公务员，还是兢兢业业的公司职员，机会的存在形式都是一样的。成功的机会是无限的，在每一个行业中都有无数的机会，但是，每个机会都是稍纵即逝的，除非有人抓住它并善加利用。

　　每当面对困难时，不妨停下来问问自己："这个困难之中是不是藏有什么机会呢?"当你发现了机会，你就已经超越你的对手了。常常有人终其一生都在等待一个完美的机会自动送上门，直到他们了解，每一个机会都属于那些主动寻找的人，才后悔不该坐等机会的到来!

　　如果你对你的未来有具体的计划，不要犹豫了! 别蹉跎空候，也别期望成功会自然到来。只有你确定自己所要的是什么，全力以赴地去争取，你才有成功的希望。只有不负责任的人才总是抱怨自己没有机会，没有时间；而那些永远在孜孜不倦地工作着、努力着的人却能够从琐碎的小事中找到机会，并紧紧抓住细小的机会去利用它们完成自己的计划。

　　每个人的体内都包含了诚实的品质、热切的愿望和坚忍的品格，这些都让人们有成就自己的可能；人们的前方还有无数伟人的足迹在引导着、激励着人们不断前行；而且，每一个新的时刻都给人们带来许多未知的机遇。一个聪明的人，只要把握住这些"未知的机遇"，就能够为人生目标进行拼搏，赢得人生。

　　那些成功者不会等待机会的到来，而是寻找并抓住机会、把握机会、征服机会，让机会成为服务于他的奴仆。任何机会都可以是他们手中的"金钥匙"。

没有机会降临，就需自己铺路

> 人生如打牌，不会有过多赢牌的机会降临，许多机会是要靠自己去创造的，人要灵活地为自己赢牌铺路。

现实生活中很多人会抱怨命运对自己不公平：别人为什么会有这样或那样的机遇，而为什么自己就没有呢？有些人总是等着机遇降临来大干一番，比如，获得老板的赏识，对自己委以重任，自己就能够展示最大的才能，但得到老板的赏识哪有这么容易呢？我们也许会梦想着某一天有自己的公司，这家公司拥有良好的设备、优秀努力的员工，自己虽不是商业巨头，但也是那种走到哪里都有人投来赞许目光的人……可是，现实是我们只是现在的自己，而不是这些人。

不过仔细想想，难道那些真正成功的人他们拥有的都是很好的机遇吗？不是。其实没那么简单，没有哪个机会是很轻易地就降临在某个人的身上，这些人是靠自己的努力，为自己的人生不断创造机遇，最终获得了成功。

我们每个人都有自己的理想和目标，但人生的第一步是必须学会醒目地亮出自己，为自己创造机会。说到底，这是一种观念：是主动出击还是被动选择？这决定着你能不能改变目前的不利现状。

华隆集团的创办人卢俊雄，10 岁时便瞒着家人，带着 10 元钱独闯武汉去寻求机遇，发掘"财源"。

1980 年，父亲给了卢俊雄三本邮票，卢俊雄凭着这些邮票，参加了 1980 年在广州文化公园举行的全国首届邮票展销会。他用卖报卖书的几十块钱，在市青少年宫、火车站、邮票公司等处卖起了邮票，迈出了创业的第一步。

读初二时，他成立了广州第一个自发性的中学生社团——省实集邮社。他帮爱集邮的学生代买各种邮票，从中提取劳务费。上高二时，他组织了中学生集邮冬令营。他将自己对集邮的感受写成文章，寄给香港《邮票世界》杂志，竟获刊登。一些海外邮票商竟纷纷来函寄钱，托他购买邮票。从此，卢俊雄开始进入了"国际市场"，从中赚取差额。

念大学二年级的时候，卢俊雄做了另一次跋涉——给深圳大学一勤工俭学者从广州批发贺卡。他将广州最便宜的批发商的积压品卖出了高价。在开始的时候，他10天不到就赚了3000多元。

卢俊雄通过《集邮杂志》和邮票公司搜集了全国2000多个集邮爱好者的姓名、地址，用卖贺卡赚的3000多元钱办了份双面8开铅印的《南华邮报》，免费寄给这些人。到1989年，《南华邮报》已发行5万份，拥有5万个客户。1991年二三月~七八月间，由于股市整顿，邮票市场非常兴旺，邮票价格涨了5倍，卢俊雄大获其利。

搞了两年的邮票生意，卢俊雄又开始在市中心旧房子上打主意。当时房地产业刚刚兴起，卢俊雄抓住了这个历史性的机遇。在当时房地产市场尚未启动的形势下，他却生意兴隆，财源广进。他再一次使用了自己创造机会的这个方法取得了成功。

在不断前进探索的过程中，卢俊雄一步步迈向了成功，难道说从10岁那年开始卢俊雄就有别人给予的机会吗？难道说一路上走来，卢俊雄都是有着很现成的机遇吗？没有，这也都是靠他自己的努力才获得成功的。

生活中，失败者等候机会，而成功者寻求机遇。失败者总是不断地抱怨着机会为什么总是那么少，希望机遇能够突然从天而降，自己从今往后就开始"大红大紫"。而机遇都不是凭空而降的，它与一个人不断努力寻求是分不开的。有很多经商的人用心去观察市场，去探求市场的真空，市场中缺什么？重要的商机是什么？未被发掘的商机是什么？他们经过自己努力地调查研究，发现这些机遇。为什么这些人总能赚大钱？是因为他们总是早别人一步发现商机。他们不断为自己创造着各种机遇，而不是静静地等待机遇到来，或者跟风看什么挣钱就做什么。

机遇不是空穴来风，它需要我们每个人不断努力寻找。当没有好运气的时候，我们就要努力为自己创造机会，这样才能让机会纷至沓来，才能牢牢地抓住这些来之不易的机遇，为自己开创一片天地！

职场锦囊：让信息为你服务

> 牌局中，信息的作用相当重要，像对手玩牌的习惯做法、记住打出去的都有什么牌、推测对手手中的牌等等，这些信息对于打牌时的决策起着至关重要的作用。

信息，是这个时代的重要标志，也是在这个社会的发展过程中起着极为重要作用的资源。一个企业可能会因为一个信息而在发展的过程中受益，一个人可能会因为获得某项信息而成为企业的领军人物；在国与国之间的交战中，不论是经济上还是军事方面的，一项有效的信息就可能让事态化险为夷，或者令对方面临十分危险的局面。信息无论是对于一个国家、一个企业，还是个人，都具有至关重要的作用。对于个人而言，更应该在迈向成功的路上牢牢地把握住信息这道关口，利用好各种信息资源，之后，找准时机，一鸣惊人。

有一个油漆制造公司的会计告诉人们，他有一项非常成功的投机生意。当然，他这个想法也是从别人那里得来的。

"我对于房地产向来没有兴趣，"他说，"我已经当了好多年会计，一直守着自己的工作岗位，不想改行。忽然有一天，有一个经营房地产的朋友约我参加房地产俱乐部主办的午餐会。

"当天的演说人是本地一位德高望重的老先生。他谈到20年后的一些问题，预料本市的繁华区还会继续繁华，并逐渐向四周的农地发展。

他同时又预测'精致农场'的需求会快速增长。这些农场只有 2～5 亩的面积，但有游泳池、花园以及满足其他业余爱好所需要的空间。

　　"他的话使人吃了一惊，因为他说的正是我想要的。后来我一连问了好几个朋友，他们也非常同意这一观点。于是我开始研究如何根据这个想法赚钱。有一天我上班时突然想到为什么不买大卖小呢？我已算出，零卖的价格比整块土地的价格高出许多。

　　"我在离市中心 30 里的地方找到一块荒地，面积是 50 亩，只卖 9000 美元而已，我立刻买了下来。然后，我在地里种了好多松树，因为有一个做房地产的朋友告诉我，现在大家都喜欢树木，而且越多越好。我要顾客都知道这块土地几年以后会长满漂亮的松树。

　　"后来，我又请了一个测量员把 50 亩土地分成 10 块。这时我可以开始销售了。我收集到几份本市经理人员的名单，开始直接销售。我在信中指出，只要 3000 美元，即相当于一栋小公寓的价钱就可以买到这块地，并且同时指出它对娱乐和健康方面的好处。

　　"虽然我只在晚上和周末有时间推销，但不到 6 个礼拜，这 10 块土地就统统卖出去了，销售额为 3 万美元。然而全部费用，包括土地、广告、测量费以及别的开支，总共才花了 1.04 万美元而已；我一下子就赚了 1.96 万美元。因为常常接近有识之士，聆听他们的各种创见，我才能大赚一笔。如果当初我这个外行人没有去参加房地产俱乐部的午餐会，就永远也想不出这个计划。"

　　由于这个会计拥有接近"有识之士"的机会，他很快就赚了一大笔钱。由此可见，一个善于利用信息的人，想取得成功并不难。

　　一个善于搜集信息的人，有着敏锐地发现力，就如同一名记者一样，在得知发生什么事件的时候就能够立刻判断出这则新闻是否具有新闻价值，是否值得去报道，报道之后会有什么样的反响，会产生什么样的效果。

　　在生活中、工作中，我们就得具备这样的头脑，能够在得知社会信息的时候立刻判断出是否是有用信息，是否能被利用。这种快速判断信息的能力需要我们在生活中不断积累，也源于我们对于生活的留心观察。

　　成功对于我们来说并不是遥不可及的事情，生活在于多动脑筋，多思考。比如，如果发现市场中某个项目有待开发，在一个新建的住宅区可以发展饮食、娱乐，甚至开幼儿园等都是一个好主意。利用这些信息，权衡利弊，进行深入地调查分析，做出判断，把握好市场的行情，看是否有利于发展等，简单地说就是在合适的时间做合适的事情。

　　生活中不是没有机会，只是缺少发现机会的眼睛。我们留心生活，为自己的生活添加一些新的元素，及时搜集信息，就会为自己的发展创造机会。在合适的时机里出牌，才能成为赢家！

有"心机"才能发现转机

　　对善于利用机会的人来说，每个牌局都有出路，都能找到翻盘的机会。我们完全可以依靠自己的能力去享受美好人生。

　　在每个人的生活中都会遇到这样或者那样的困难，当面临困境的时候，有的人能够在困境中突围，从而得到更好的发展，而有的人却会被困境拖垮。之所以出现两种截然不同的结果，是因为：从困境中突围的人认真观察生活的细节，思考转败为胜的良机，并在关键时刻抓住机会，奋力一战，取得成功；而失败者没有动脑筋发现生活的转机，以致耽误了突围的最佳时机而以失败告终。

　　保罗·迪克刚刚从祖父手中继承了美丽的"森林庄园"，庄园就被一场雷电引发的山火化为灰烬。面对焦黑的树桩，保罗欲哭无泪。但年轻的他不甘心百年基业毁于一旦，决心倾其所有也要修复庄园，于是他向银行提交了贷款申请，但银行却无情地拒绝了他。接下来，他四处求亲告友，依然是一无所获。

所有可能的办法全都试过了，保罗始终找不到一条出路，他的心在无尽的黑暗中挣扎。他想，自己以后再也看不到那郁郁葱葱的树林了。为此，他闭门不出，茶饭不思，眼睛熬出了血丝。

一个多月过去了，年逾古稀的外祖母获悉此事，意味深长地对保罗说："小伙子，庄园成了废墟并不可怕，可怕的是你的眼睛失去了光泽，一天天地老去。一双老去的眼睛怎么可能看得见希望呢？"

保罗在外祖母的劝说下，一个人走出了庄园，走上了深秋的街道，他漫无目的地闲逛着。在一条街道的拐角处，他看见一家店铺的门前人头攒动，他下意识地走了过去，原来是一些家庭妇女正在排队购买木炭。那一块块躺在纸箱里的木炭忽然让保罗眼睛一亮，他看到了一线希望。

在接下来的两个多星期里，保罗雇了几名烧炭工，将庄园里烧焦的树加工成优质的木炭，分装成箱，送到集市上的木炭经销店。结果，木炭被一抢而空，他因此得到了一笔不菲的收入。不久，他用这笔收入购买了一大批新树苗，一个新的庄园又初具规模了。几年以后，"森林庄园"再度绿意盎然。

保罗虽然在开始痛失庄园，但是一次无意间的发现让他看到事情的新转机，之后经过努力，最终获得成功。

生活中遇到的事情看起来很糟糕，有心人会通过自己的细心发现其中的转机，抓住转机就能获得巨大的成功；对于无心的人来说，这些糟糕的事情就像压在心中的石头一样，一直压着自己，让自己一直不能翻身。

"年轻人的机遇不复存在了！"一位学法律的学生对丹尼尔·韦伯斯特抱怨说。"你说错了，"这位伟大的政治家和法学家答道，"最顶层总有空缺。"

对于善于利用机会的人来说，世界上到处都是门路，到处都有机会。我们能依靠自己的能力尽享美好人生，这种能力既给了强者，也给了弱者。弱者与强者相比较而言，缺少的就是强者的心机和对于生活中的机遇的判断力。

把一块固体浸入装满水的容器，人人都会注意到水溢了出来，但从未有人想到固体的体积等同于溢出来的同体积的水这一道理，只有阿基米德拥有足够的"心机"，注意到这一现象，并发现了一种计算不规则物体体积的简易方法。

生活中的我们可能很贫穷，可能没有别人拥有的资源丰富，但是那些拥有大成功的人也不都是各方面条件都很优越的，他们之所以能成功，而是因为这些人有心机。用心发现生活中的每一个转机，一个小小的发现可能会造就一生的成功。在遇到困境的时候，不要一味地沉浸在悲伤的氛围或者一味地抱怨之中，而是要走出来，多看看，多思考外面的世界，或许突然之间的一个发现会让你灵感顿生，一个新的解决困境的方法就由此诞生。而伤心和抱怨是无论如何也不能解决当前的困境的，只会徒添烦恼。对于一个不善于观察生活的人来说，是永远也看不见生活的转机的。

只有擦亮双眼，用心思考，才能发现隐藏在我们生活中一些细小事情上的机会，抓住机会在绝境中逢生，不断前进。

失败也是一次机会

> 输了牌，能够继续努力才可能取得成功。正确地面对失败，失败就会成为一次机会，成为从输牌到赢牌的转折点。

在决定一件事情的时候，人们总是害怕会失败。比如，我们想尝试进行一次投资，但又怕血本无归；我们想向某个女孩子表白，又害怕被拒绝；在第一次网上购物的时候，我们怕自己上当受骗，等等。生活中有太多的惧怕就是因为担心失败，所以人们常常会裹足不前。而事实上，失败很可能也是一次机会，但如果不去尝试，那么连成功的可能都不会有。

　　失败其实并不是很可怕的事情，失败了又如何？只要人在，又有何惧？人常言："留得青山在，不怕没柴烧。"如果你能正确面对失败，不被这次的失败所牵绊，认真总结经验，那这次的失败有可能会成为一次机会。

　　这是一个人的简历：

　　22岁：生意失败；23岁：竞选州议员失败；24岁：生意再次失败；25岁：当选州议员；26岁：情人去世；27岁：精神崩溃；29岁：竞选州长失败；34岁：竞选国会议员失败；37岁：当选国会议员；39岁：国会议员连任失败；46岁：竞选参议员失败；47岁：竞选副总统失败；49岁：竞选参议员再次失败；51岁：当选美国总统。

　　这个人就是林肯。许多人认为他是美国历史上最伟大的总统。但是很少有人知道，他的成功是建立在一连串的失败之上的。"失败"是个消极的字眼，但是不可避免，我们每个人在人生的道路上，都会或多或少地遇到它。美国作家爱默生曾说过："一心向着自己目标前进的人，整个世界都给他让路。"我们之所以害怕失败，就是因为我们从来就没有想过自己也可以成功，也可以站在万人瞩目的成功舞台上。

　　当你一路走来，突然之间的失败可能让你感到措手不及，没有任何防备，你会沮丧，会感到以前从没有过的挫败感。但是，或许正是因为这一次的失败才使得你开始思考自己以前的种种生活情形，不断地反思、总结，从而改变生活，改变以前的不当作法，在失败中吸取经验教训，使得以后的路走的更加踏实、认真。那这样的失败实际上是人生的一大好事，它给人提供了一个改变自我、反省自我的机会，为今后的成功打下了坚实的基础。

　　美国亚特兰大有一个业余药剂师潘伯顿，他想研制一种令人兴奋的药，他用桉树叶作为材料，做了很多努力，药效却不好。一天，一位患头痛的病人前来就医。潘伯顿让店员给患者配制药，可是，店员在配药时，不是冲入了清水，而是误将苏打水冲进了药瓶。病人饮后，才发觉配方错了，所有人都大惊失色。但奇怪的是，病人的头痛症减轻了，而且没有发生不良反应。过了几天，潘伯顿受到了启发，他把头痛药和苏打水进行冲兑，进行试验，发现这些液体芳香可口，益气提神。结果，在他的改良下，可口可乐从药品变成了饮料，风靡全世界。

可口可乐的发明正是因为一次偶然的机会，而这个机会也是因为那次不经意的失败使得潘伯顿产生灵感，之后可口可乐就诞生了。谁能说失败不是一次机会呢？

所以，在生活中，我们应敢于尝试，不要惧怕失败，失败了大不了重新再来，也很可能你因为这一次的失败就会突然发现另一个走向成功的秘诀。

"我们浪费了太多的精力和时间，"一位助手对爱迪生说，"我们已经试了两万次，可仍然没找到可以做白炽灯丝的物质！"

"不！我们已经知道有两万种不能当白炽灯丝的东西。"

这种精神使得爱迪生终于找到了钨丝，发明了电灯。

不过，假若一个人没有在失败中不断地总结，吸取以前的教训，那失败也只能是毁灭，而不是一次机会。不总结自己失败的原因，下一次还会在原来的地方跌倒。

错误和失败是迈向成功的阶梯，每一次失败都是通向成功不得不跨越的台阶。有志气、有作为的人，并不是因为他们掌握了什么走向成功的秘诀，而是因为他们在失败面前不唉声叹气，不悲观失望，将失败看作人生的一次机会，并为之努力奋斗，所以他们取得了令人羡慕的成功！

第五章

总有一种优势可以扭转牌局

总有一张拿得出手的好牌

> 不论处于什么样的困境，每一个人都要相信：自己身上永远有着一张拿得出手的牌。在生活中不断地发掘自身的潜力，认识自我，就可以在关键的时候打出这张牌并最终获胜。

上帝对于每一个人都是公平的，世界上没有一个人是十全十美的，有的人拥有财富但没有健康，有的人没有美貌却拥有智慧，有的人没有好的身材但有着很好的音色……每个人的身上都有自己独特的地方，假如我们能够充分了解自己较之于别人比较出色的地方，在这方面发展，就更有希望取得突出的成就。

我们时常不明白自己身上最突出的是什么，存在于自己身上的财富是什么，所以时常迷茫困惑。许多毕业生在找工作的时候不明白自己要找什么样的工作，不明白自己想干什么，甚至连能干什么都是很模糊的，所以很长时间都是碌碌无为。

为什么有的人在平凡的工作中却干出了不平凡的业绩，而有的人终生都一事无成？问题在于人们常常看不清自己，没有认清自己所拥有的一切。不论是你的外貌、你的才能、你的身高、你的人脉等，都是你的资本。只是你有时不能很好地利用这些资源，导致很多机会的错失。

罗琳太太是一家大公司的清洁工，她手脚不是很勤快，但嘴巴总是闲不住，经常与人搭讪，身边的手机也是天天响个不停，好像比公司的经理还要忙。

一天，公司的员工们聚在一起聊天，汤姆突然感叹道："我们连罗琳太太都不如啊！"见别人诧异，他又说："你猜她每个月能赚多少钱？"

一个清洁工，薪水再高能高哪儿去？有人说500，有人说800，汤姆摇摇头，伸出了4个指头，于是有人就"大胆"地预测："不会是4000吧？挺厉害的呀。"

"什么4000？是4万美元！她每个月至少可以赚4万美元！"

"不会吧？"大家惊讶得眼珠子都差点掉下来。

"是她自己跟我说的。"汤姆笑着说，"罗琳太太还说，做清洁工只是一个平台。我觉得她完全可以做一个CEO了！"

原来，罗琳太太借着到公司做清洁工，打听公司里谁需要找钟点工，谁需要租房子，然后就当起了中介，收取中介费。罗琳太太还买了一套房子，并以1万美元的月租把这套房子租给了一个大公司的总裁。

罗琳太太借清洁工这个平台延伸出的另一项业务是卖保险。公司里面有不少员工都已经向罗琳太太买了几万元的保险。

罗琳太太善于运用自己所拥有的东西，利用善于和人打交道的特长寻找适当的客户，选择合理的沟通方法，并适时地转变经营项目。

在日常生活中，当两个企业之间进行竞争的时候，如果其中一个企业能够充分发挥自身企业优于对手的地方，认识到对方的弱项，并对自己的强项进行深入地发掘、发展，那么就很有可能在竞争中取胜。

一个人的身上总有闪光的地方，就像电视剧《士兵突击》中的许三多一样。他虽然不是很聪明，但是他身上表现出来的是人最本质、最纯真的东西。我们每个人都可以做出惊人的成绩，如果将自身拥有的最突出的、不同于别人的优秀本能发掘出来，那我们就会离成功越来越近。

成功攻略：兔子学跑步，鸭子练游泳

> 不能让猪去唱歌，让兔子去学游泳。牌局也一样，要想成功，就要扬长避短，最大限度地发挥自己的优势，才能将牌打得很出色。

在美国，有一个寓言故事一直被人们广为流传，它取自名为《飞向成功》的畅销书。这个寓言故事讲的是：

为了像人类一样聪明，森林里的动物们开办了一所学校。学生中有小鸡、小鸭、小鸟、小兔、小山羊、小松鼠等，学校为它们开设了音乐、跳舞、跑步、爬山和游泳5门课程。第一天上跑步课，小兔兴奋地在体育场地跑了一个来回，并自豪地说："我能做好我天生就喜欢做的事！"而看看其他小动物，有撅着嘴的，有沉着脸的。放学后，小兔回到家对妈妈说："这个学校真棒！我太喜欢了。"第二天一大早，小兔蹦蹦跳跳来到学校，上课时老师宣布，今天上游泳课。只见小鸭子兴奋地一下子跳进了水里，而天生恐水、不会游泳的小兔傻了眼，其他小动物更没了招。接下来，第三天是音乐课，第四天是爬山课……学校里的每一门课程，小动物们总有喜欢的和不喜欢的。

这个寓言故事诠释了一个通俗的道理，那就是：不能让猪去唱歌，让兔子去学游泳。要想成功，小兔子就应该练跑步，小鸭子就应该练游泳，小松鼠就得练爬树。想成功就要扬长避短，最大限度地发挥自己的优势。只有发挥自己的优势，避开自己的劣势，才能很好地利用自己手中的牌。

诺贝尔奖获得者无疑都是取得杰出成就的人士，总结其成功之道，除了超凡的智力与努力之外，还有就是他们都能扬长避短，最大限度地发挥自己的优势。如爱因斯坦的思考方式偏向直觉，所以他就没有选择数学，而是选择更需要直觉的理论物理作为事业的主攻方向。

成功者的成功事实向我们证明：如果你能扬长避短、顺势而为，将自己的优势发挥得淋漓尽致，就会事半功倍、如鱼得水；如果你选择了与自身爱好、兴趣、特长"背道而驰"的职业，那么，即使后天再勤奋弥补，耗费了九牛二虎之力，也是事倍功半，难以补拙。因为，才干是一个人所具备的贯穿人生始终且能产生效益的感觉和行为模式，它是先天和早期形成的，一旦定型就很难改变。而优势，是指一个人天生做一件事就比其他人都做得好。因此，你应该知道自身的优势是什么，并将自己的生活、工作和事业发展都建立在这个优势之上，这样方能成功。

成功心理学家发现，每个人都有天生的优势。一个人拥有优势的类型和数量并不重要，最重要的是，是否知道自己的优势是什么，从而做到扬长避短。

曾是美国 NBA 夏洛特黄蜂球队队员的博格士从小就立志要加入NBA，然而身高仅 1.60 米的他曾引起无数人的嘲笑。但他并没有放弃，凭借矮个子重心低、控球稳的优势，经过努力训练，终于成为一位优秀的球员。大量的事实说明，一个人有短处并不可怕，关键是要学会扬长避短，若能如此，成功就不会遥远。

当一个人避开了自己的短处时，就如拥有了坚实的后盾，他就会不怕别人的袭击，镇定自如。正如一支军队作战，若想取胜，必须先学会防守。当然，一味地避短是消极的；在避短的同时，还必须要懂得扬长。人在避短和扬长中不断前进和发展。而对于一个企业来说，在发展的过程中就更加要注重企业自身优势的最大化发挥。比如，对于化妆品而言，欧莱雅走高端路线，美宝莲走大众路线，它们所面向的对象不同，所以各有所长。如果一个产品没有自己明确的定位以及自己的所长，就不会在大众的心目中形成一个很鲜明的印象，产品的销量也会因此受到影响。

尽管我们都知道扬长避短的重要性，但在如何看待自己的弱点或劣势的问题上，往往存在着两种误区：一是在发挥自己优势的同时，要弥补自己的劣势；二是在发挥自己的优势的同时，要克服自己的劣势。

一个人应该将精力用在如何发挥自己的优势上，而不是用在如何弥补或者克服自己的弱点上。

大家都知道，一个人的弱点或缺点，就像物理学上的位置变化一样，是一个相对的概念，是相对于不同的参照物而言的。从这个角度来说是缺点，而从另外一个角度来看则可能是优点。而且，"江山易改，本性难移"，一个人花在弥补、克服弱点上的时间所产生的效益，要比花在发挥优势上的时间所产生的效益低得多。

所以，一定要在如何发挥自己的优势上下功夫，最大化地创造自己的价值。对于所谓的缺点、劣势、弱点，应该想办法避免。

人的智能发展不是均衡的，人都有优势和劣势。一个人一旦找到自己的优势，便可在人生的牌局上取得惊人的成绩。所以，一定要设法发挥自己的优势，在最合适的时候亮出自己的王牌。

雷人牌招：把简单的招数练到极致

> 打牌看似简单实则高深，那些能在牌局上叱咤风云的人，并不是天生就是打牌高手，而是在长时间的"磨炼"中，把简单的招式练到了极致。

在武侠剧中，我们常常会看到这样的情形：很多人都有自己独特的招数，而这个招数是别人不能与之匹敌的，比如郭靖的绝招是降龙十八掌，梅超风的绝招是九阴白骨爪，令狐冲的绝招是独孤九剑，张三丰的绝招是太极拳，等等。当这些人拿出自己的看家本领的时候，别人都会倒吸一口冷气，吓出一身冷汗，想不出拿什么来迎战。自己既不会凌波微步，又没有葵花点穴手，怎能战胜别人？其实，没有独到的功夫照样可以制胜。

《士兵突击》中的许三多，谁又能说他有什么绝招呢？他什么都没有，甚至比我们还要显得"笨"一点。一个开始的时候连正步都踢不好，木讷得有些傻的人，靠什么走向了成功的最高点？其实很简单：踏实、勤奋、认真，将最简单的事情做到最好。在草原五班那样的环境下，许三多每天坚持踢正步，认真地修了一条路，而这条路是别人想修却总懒得动手去修的路。将最简单的招式练到了极致，就是他的"绝招"。

生活中，做一件简单的事情并不难，难的是每一件简单的事都做得非常好。古往今来，但凡有所成就的人都是那些勇于坚持的人，能够把每一件简单的事情都做好，其实就是最大的绝招。

在古希腊一个新学期的清晨，苏格拉底对学生们说："今天咱们只学一件最简单也是最容易的事，每人把胳膊尽量往前甩，然后再尽量往后甩。"说着，苏格拉底示范了一遍。"从今天开始，每天做300下。大家能做到吗？"学生们都笑了，这么简单的事，有什么做不到的？

过了一个月，苏格拉底问学生们："哪些同学在坚持着每天甩手300下？"有90%的同学骄傲地举起了手。又过了一个月，苏格拉底又问同样的问题，这回，坚持下来的学生只剩下八成。一年过后，苏格拉底再一次问大家："请告诉我，最简单的甩手运动，还有哪几位同学在坚持？"这时，整个教室里，只有一个人举起了手。

这个学生就是后来成为古希腊另一位大哲学家的柏拉图。

世间最容易的事常常也是最难做的事，最难的事也是最容易做的事。说它容易，是因为只要愿意做，人人都能做到；说它难，是因为真正能做到并持之以恒的终究只是极少数人。半途而废者经常会说"那已足够了""这不值"，"事情可能会变坏"，"这样做毫无意义"，而能够持之以恒者会说"做到最好"，"尽全力"，"再坚持一下"。龟兔赛跑的故事也告诉我们，竞赛的胜利者之所以是笨拙的乌龟而不是灵巧的兔子，这是因为兔子在竞争中缺乏坚持不懈的精神。成功靠的不是力量，而是韧性，竞争常常是持久力的竞争。有恒心者往往是笑在最后、笑得最好的胜利者。

能够把每一件简单的事情做好就是最大的不简单。任何一件事的成功都不是偶然的，它需要你耐心地等待。同样，一个人做事不坚持，他就很难看到成功，因为他在成功到来之前就放弃了。一个人的毅力决定了他在面对困难、失败、挫折、打击时，是倒下去还是屹立不动。对于企业来讲也是如此。一个企业不能单单靠着"一时的冲劲"，它需要长期地坚持才能做好。有些饭店在刚开张的一段时间内饭菜做得很好，服务也好，得到不少顾客的认同。但刚刚等到有了起色，他们自己就开始懈怠了，不仅饭没有以前好吃了，在服务上也日渐不如从前，原有的顾客群对它失去信心不再光顾，于是，饭店开始经营惨淡，之后做了不少事情弥补也很难见效。所以，要成功，要有坚持做一件事情的毅力。这就和打牌的道理一样，看似简单实则高深，那些能赢牌的人其实并不是天生就是打牌高手，他们只是在长时间的"磨炼"中，把简单的招式练到了极致。

做一件简单的事情并不难，但能够把每一件简单的事情都做好并非易事，要有恒心、有毅力才能够持之以恒，还要有自己的原则和底线，才能够坚持自我。唯有如此，才能够把简单的事情变得意义非凡，才能将简单的招式练成自己的绝招！

优势不是一张"画皮"

打牌时，我们没必要为手中的几张坏牌而耿耿于怀，一手牌不可能每一张都是极致好牌。只要利用好手中牌的优势，就可以掩盖牌中的缺点，赢了这一局。

我们每个人都可能不满意自己身上的某些方面，比如，觉得自己的相貌不够漂亮，对自己的身材不满意，觉得自己不够聪明，或者对自己的家庭背景不满意，等等。总之，每个人都可能会有这样或者那样的缺憾。不要在这些缺憾上计较太多，因为你没有看到自己的优势，一个人可以利用自身的优势去弥补自身的不足。优势不是一张"画皮"，不是一个空壳，而是让你迈向成功的基础。

假如你没有显赫的家庭背景，你可以利用自己的聪明和勤劳努力向着自己的自标奋进，不断地学习、积累，你也一样可以很成功，成功是不会拒绝一个聪明且勤奋的人的；假如你没有高挑的身材，但是你可以拥有自身的品位和涵养，一个身材不高挑但是有涵养、有才华的人浑身所散发出来的魅力，是远远大于一个外貌好看、身材高挑但是没有教养的人的；或者你觉得自己不够聪明，但是你踏实、勤奋、能吃苦，你一点儿也不比那些喜欢耍小聪明的人笨，你通过自己踏踏实实地学习、慢慢地积累，为自己今后的发展打下了坚实的基础，这远远比那些只知道走捷径的人成功的概率要大得多；你虽然没有比别人更擅长于某项技术，但是你拥有丰富的人脉资源，你也一样可以利用自己手中的人脉资源将这项工作做得很出色。

其实，人们如果能够积极地发展自己的优势，将自己的优势发挥到极致，就完全可以弥补自身的不足之处，所以我们没必要为自己的不足耿耿于怀。上天也不可能让你什么都是最好的，它给了你好的一面，自然也会给你不好的一面，我们需要做的就是利用自己的优势，让它的作用发挥到极致。

人们常说"情人眼里出西施"，和这个道理是相通的。为什么情人眼里的人都是完美无缺的？就是因为人更大化地看到了某个人的优点，这个人的缺点就被他的优点所掩盖，给人的印象就是完美的。而实际上他是完美的吗？他可能很有才华，但是他也可能脾气很不好，但是在这时候，他很有才华这个优点已经将他脾气不好这个缺点掩盖了，你眼里看到的都是他的才华。

现代玩具之父、美国人瓦列梅克，创业初期手里只有1000美元，但凭着对玩具进行革命性的改进，他成了富翁。

那时候的玩具主要是木偶，硬硬的，没有一丝生气，放在桌上欣赏一下倒还可以，要是让孩子们拿着玩，就很快令人乏味了。瓦列梅克想，为什么不让这些木偶的手臂活动起来呢？他想了很久，却没有想出什么办法。

有一天，他在马路上等车，注意到车轮滚动的情形：车轮用轴穿着，装在车厢底下，只要轴装得牢固，轮子滚动时便不会发生障碍了。他突然灵机一动，不由自主地将两支手臂向前伸直，不断地转动着。转了好一会儿，瓦列梅克发狂似的奔回家里，他找出一把小锯子和一个长柄的手钻，随手拿起桌上的一个木偶，就将它的两条手臂锯下，然后在锯口当中钻了一个小孔，再插进一根小圆铁条，最后把那两条锯下来的手臂装在小圆铁条上。他轻轻转动木偶的左手，它的右手也跟着转动了。"改造"过的木偶逗得孩子们大笑。瓦列梅克马上把这个木偶样本交给一个木匠去仿做，先行试做1000个。

他把做好的木偶拿回来涂色，色彩配置得非常鲜艳悦目。这1000个试验品拿到百货公司推销时大受欢迎，不到3天便全卖光了。他还接到了12万个转臂木偶的订单。

瓦列梅克一鼓作气，又创造了活腿木偶，开设了一家拥有370个工人的工厂。后来，瓦列梅克又突发奇想，将这些会转动的木偶改造成了可以自动走路的玩具。上市第一天，这些玩具光在纽约便售出了17万个。

瓦列梅克的异想天开，其实就是发挥丰富的想象力。这是容易被人们忽略的一种能力。善于想象、敢于想象，也是一种不可多得的优势。它能帮你开拓思维空间，在工作和事业上经常爆发出灵感的火花，得到一个又一个的"金点子"，取得意想不到的成就。

这就像打牌一样，你手中的牌不可能都是坏牌，只要你发挥好好牌的作用，就可能扭转牌局，反败为胜。

人生难免会遇到各种各样的问题，每个人也都会遇到大大小小的问题，这时候我们用什么去战胜这些困难呢？这个答案就是优势。依靠自己的优势就是成功的源泉，不要将很大的心思用在改善弱项上，毕竟"半路出家"不是什么好的选择。

人生如战场，试想一下，如果你身处战场，当你遇到困难和敌人时就赶紧后退，其后果如何？可想而知。实际上，把事情做好，把困难解决掉，也是一种作战。在自己的生活和事业中碰到困难时，优势的发挥往往会让人得到意想不到的收获。

本科毕业的谭伟，在学校时成绩和表现都不突出，但令同学们大吃一惊的是，他一路过关斩将，进入了竞争很激烈的《晨报》做了一名"无冕之王"。谭伟为什么能脱颖而出呢？原因在于他展示了自己的习作特长。大学期间，他已经在各级刊物上发表过数十篇文章。当《晨报》要招聘 5 名记者时，谭伟踊跃尝试。他凭借自己优美的文笔和缜密的分析问题能力赢得了考官的青睐，顺利地通过初试，进入复试。

复试时，总编让他们跟着一位记者去采访，每人写一篇新闻稿回来。到达现场时，他们发现事件并不复杂，是一个私营老板拖欠员工工资的事件。别人只花了半个小时就完成了稿子，但是谭伟意识到：一篇不足 300 字的新闻稿怎么能分出各人的高下？再说拖欠工资的事情也早已经不是新闻，如何写得更加有特色呢？他决定做一个深度报道，更多地从法律的角度予以探讨，这是谭伟的优势。于是谭伟大胆地对总编说："给我两天时间，后天的这个时候我准时交稿。"总编以为谭伟还没写出来，皱了皱眉头，但还是应允了。

回到宿舍，经过一个晚上的思考，谭伟草拟出了一个提纲：一，备忘：把一年来省内发生的同类事件汇集到一起；二，为什么：对事件发生的原因进行考查；三，怎么办：怎样防止这类事件的再次发生。用了一上午的时间，谭伟在图书馆把全年的省内主要报纸通翻了一遍，找到了 7 篇同类事件的报道；他中午打车去对昨天的事件重新采访，主要是听受害者的声音；晚上他去找系里的民法专家，请他谈员工如何依法维护自己的权益以及权益受到侵害时如何寻求法律救助。

第二天，他用了一上午写成了一篇近 4000 字的报道。当他把打印稿交到总编手里时，总编大吃一惊，看过后，当即签发，并且满面春风地对谭伟说："你明天就来实习，跟刘主任跑。"文章见报后，社会反响挺不错，并且引起了政府有关部门的重视。

谭伟正是利用自己写作的优势，利用自己对法律方面知识了解的优势，一路过关斩将，最终赢得成功。在成功的道路上，一个人的优势起到了极其关键的作用，甚至可以说是至关重要的作用。

明白优势的重要作用之后，人们就应当充分利用自己的优势，比如，如果比较擅长与人交流，那么你更适合于公关、心理咨询、记者等之类与各种人打交道的工作，这样才能够发挥自己出色的交际能力，使工作干得更好。

优势就是一个人最闪光的地方。因为是优势，所以在面对的时候，人往往会充满自信，更有信心去做好它，身上的潜能也会得到进一步的发挥；因为是优势，所以放得开去做事情，就更能做好事情。

在竞争日趋激烈的社会上，想要脱颖而出，并不是一件容易的事，发挥优势将助你一臂之力。我们要很好地利用自己的优势，使自己的优势成为自己成功的路径。

微笑也是一种优势

> 微笑就如盐之于食物，是生活中不可缺少的一部分；微笑是无声的语言，而且"无声胜有声"。

许多人的成功很大程度上是因为他的个性、魅力和亲和力，而个性中，最吸引人的就是那亲和的笑容。其实微笑也是一种优势。在适当的时候、恰当的场合，一个简单的微笑就可以创造无穷的价值。

俗话说得好："一笑解千愁。"有一副对联也说："眼前一笑皆知己，举座全无碍目人。"

没有人能轻易拒绝一个笑脸。而笑是人类的本能，微笑也有着神奇的魔力。真诚的微笑是交友的无价之宝，是社交的最高艺术，是人们交际时一盏永不熄灭的绿灯。

每个民族都有自己特别的风俗习惯和文化，都有自己的禁忌和避讳。比如在希腊和尼日利亚，摆手就是一种极大的侮辱，尤其是当你的手接近对方脸部时；"再见"式挥手在欧洲意味着"不"，但在秘鲁却意味着"请过来"；在巴西，将你的拇指和食指相接——一个美国人的"OK"标志——意味着"见鬼去吧"；当与马来西亚或印度客户一起吃饭时，不要用左手进餐……然而有一种交流方式却是全球通用的，这便是微笑。微笑是我们这个星球上最通用的语言。

有一次，底特律的哥堡大厅里举行了一次盛大的汽艇展览会，人们蜂拥而至。在展览会上，人们可以选购各种船只，从小帆船到豪华的游艇都可以买到。

在这次展览中，一位来自中东某产油国的富翁站在一艘展览的大船面前，对他面前的推销员说："我想买艘价值2000万美元的汽船。"这对推销员来说是求之不得的好事。可是，那位推销员只是直直地看着这位顾客，以为他是疯子，没加理睬，他认为这个人是在浪费他的宝贵时间，所以，他脸上冷冰冰的，没有笑容。

这位富翁看了看这位推销员，看到他的脸上没有一丝笑容，然后走开了。

他继续参观，到了下一艘陈列的船前，这次他受到了一个年轻推销员的热情招待。这位推销员脸带微笑，那微笑就跟太阳一样灿烂，这使这位富翁有宾至如归的感觉。所以，他又一次说："我想买艘价值2000万美元的汽船。"

"没问题！"这位推销员说，他的脸上挂着微笑，"我来为您介绍我们的系列汽船。"之后，他详细地介绍各种价格相当的汽船。

这位富翁签了一张500万元的支票作为定金，他对这位推销员说："我喜欢人们表现出一种他们非常喜欢我的样子，你现在已经用微笑向我推销了你自己。在这次展览会上，只有你让我感到我是受欢迎的。明天我会带一张1500万美元的支票来。"

这位富翁很讲信用，第二天他果真带来了支票，买下了价值2000万元的汽船。

这位推销员用微笑把他自己推销出去了，并且连带着推销了汽船。在那笔生意中，他可以得到20%的佣金。

微笑不需要花费什么，但是它创造了许多奇迹。它丰富了那些接受它的人，而又不使给予的人变得贫瘠；它产生于一刹那，却给人留下永久的记忆。当我们面带微笑去做事时，回头看看效果，你必然自己都大吃一惊。微笑永远不会使人失望，它只会使你更受欢迎。微笑能建立人与人之间的好感，它是沮丧者的兴奋剂，悲哀者的阳光。所以，如果你想得到别人的欢迎，请给人以真心的微笑。

微笑，可以缓和紧张的气氛，调节庄严的氛围。在严肃的报告会上，在长时间的比较枯燥的课堂上，主讲人适当地开个小玩笑，可以打破紧张沉闷的气氛，重新调动听者的注意力。

微笑，可以消除客人的拘谨。当客人来访时，主人以笑脸相迎，会使客人感到自由、轻松、愉快。

有句谚语说得好："微笑是两个人之间最短的距离。"人际交往中离不开笑，一个没有微笑的世界简直就是人间地狱。

建议每个人都随身带一面小镜子，每当生气、厌恶、消沉、无精打采时，强迫自己"制造"笑容。养成每天早晚制造笑脸的好习惯，因为幸福来自笑脸，健康来自笑脸，修养来自笑脸，交际来自笑脸。

没有人愿意看一副苦瓜脸，谁都愿意看到笑脸，有谁会讨厌或拒绝一个真心对你微笑的人呢？

请不要忽视微笑的魔力，在人际交往中，努力保持最真诚的微笑，那么，它会为你创造无穷的价值。

"考碗族"不一定能端好碗

> 打牌中，每个牌手在拿到牌的时候，就应该清楚在这场牌局中自己的位置在哪儿。

当今公务员的铁饭碗让很多人看得眼睛发红，于是每年都会有大批大批的人进军公务员考试，跨入"考碗族"行列，其前仆后继的架势让人惊叹不已。但是在加入"考碗族"时，想过自己是否喜欢这个职业吗？自己适合步入"碗族"吗？估计加入这个行列的理由都是有"碗"可端，但等到真正开始工作，这些"端碗族"不见得能够端好他们的碗。

其实，生活中我们往往不明白自己的位置在哪里、应该如何把握自己，所以常常随大流，以致日后后悔不已。只有找准自己的位置才能更好地发挥，应变自如。

每个人的能力总是有限的。有些人精力旺盛，认为没有自己做不到的事。其实，精力再充沛，个人的能力还是有限的，超过这个限度，就是人力所不能及的，也就是你的短处了。每个人都有自己的长处，同时也有自己的不足，这就要求你要选择一项适合自己的工作，充分发挥长处，这样才能既保证自己能够胜任，又不会"大材小用"。

然而，很多人不知道自己需要什么。威特勒教授的研究结果和经历证实，与其让双亲、老师、朋友或经济学家为我们制定长远规划，还不如自己来了解一下我们擅长做什么。

由于中学时一直成绩优异，威特勒被安纳波利斯的美国海军专科学院录取。为了取悦父亲，他上了这个定向于工程学的学校，但是却不知不觉地远离了他天生喜爱的专业—通讯。后来的海军生活使他懂得了约束自己、调整目标和协调工作。但是，他找到真正喜爱的、能够显示自己才能的职业却花了将近 30 年。

在人的一生中，能够正确地选择一个适合自己的工作的确不是一件容易的事情。那么，应当如何找到自己能够胜任的适合自己的工作呢？

选择自己能胜任的工作包含着 3 层含义：

第一，这是一份符合自己性格特点的工作，这工作适合你。找到这样一份工作的前提是你充分了解自己的性格等特点，并明确地知道自己想做什么和怎样去做，即有个明确的目标，并有达到目标的具体方案。

我们要在平时的生活、学习中锻炼自己，让自己知道该做什么、该怎样做，这对我们的发展益处颇多。

第二，自己能做这份工作。这需要你对自己的各方面能力有个正确的认识，既不过分低估自己的能力，也不过分高估自己的能力。

很多人过低估计自己，而且又不尝试做些事情去发挥自己被忽略的能力，这绝非偶然。因为他们的行为准则是中庸的，他们追求平均，而且不想全部发挥出他们的实际能力。

1981 年，在美国西雅图的一所学校，教师对学生做了一项调查，结果是 50 个学生中只有一个具有天赋。按照他们对"天赋"的理解，他们承认孩子们具有潜在的超常能力。但拥有这些超常的能力又能怎样呢？教师压制了它们，在教学上一味地搞平均主义，一味地折中，直至大多数具有天赋的学生也渐渐适应了中庸。

学生们深信：只有我得了高分才会得到承认，而当我致力于我的兴趣爱好并继续发展时，我就得不到承认。所以，他们从来不知道自己能做什么。

第三，这份工作自己能够做好。这是一个自身能力与目标和现实相互协调、相互统一的过程，也是"胜任工作"所能达到的最高境界和最终目标。

"做"与"做好"是不同的，"做好"是"做"的延伸和结果，中间要加入你自己的主观努力和对客观事物的把握。"做"一件事不难，但"做好"一件事并不容易。这需要你既了解自己的能力范围，又了解工作对能力的要求程度，随后适时地调整自己，以达到最好。

所以，在选择工作或者规划自己的职业生涯时，我们应该充分考虑上述 3 个方面的因素，真正做到量力而行，这样才能让自己获得真正的发展。

没有绝对的好牌与坏牌

> 如果一张坏牌用对了地方，它就是一张好牌；如果一张好牌用错了地方，它就是一张坏牌。所以在牌局中，要善于将坏牌用在对的地方，让它成为好牌。

有的时候，人的劣势未必就是劣势，只要你肯努力，你也可以将自己的劣势转化成优势。

有两个水桶，分别吊在一位挑水夫的扁担的两头，其中一个桶有裂缝，另一个则完好无缺。在每趟长途挑运之后，完好无缺的桶总是能将满满一桶水从溪边送到主人家中，但是有裂缝的桶到达主人家时，却只剩下半桶水。

两年来，挑水夫就这样每天挑一桶半的水到主人家。当然，好桶对自己能够送整桶水感到很自豪。破桶呢？对于自己的缺陷则非常羞愧，它为只能负起一半的责任感到很难过。

饱尝了两年歉疚之情后，破桶终于忍不住了，它在小溪旁对挑水夫说："我很惭愧，必须向你道歉。"

"为什么呢？"挑水夫问道："你为什么觉得惭愧？"

"过去两年，因为水从我这边一路漏，我只能送半桶水到主人家，你做了全部的工作，但却只收到一半的成果。"破桶说。

挑水夫说："在我们往主人家走的路上，我要你留意路旁盛开的花朵。"

果真，挑水夫走到山坡上时，破桶眼前一亮，它看到缤纷的花朵开满路的一旁，沐浴在温暖的阳光之下，这景象使它开心了很多！但是，走到小路的尽头，它又难受了，因为一半的水又在路上漏掉了！破桶再次向挑水夫道歉。

挑水夫温和地说："你有没有注意到小路两旁，为什么只有你那一边有花，好桶的那一边却没有开花呢？我明白你有缺陷，因此我善加利用，在你那边的路旁撒了花种，每回我从溪边来，你就替我一路浇了花。两年来，这些美丽的花朵装饰了主人的餐桌。如果不是你这个样子，主人的桌上也没有这么好看的花朵了！"

我们常常就像这个有裂缝的桶一样伤心于自身的缺陷，为自身的不完美而感到遗憾，甚至是沮丧，而很难有这位挑水夫的这种心境以及利用弱势的本领。因为自身的弱势，我们觉得抬不起头；因为弱势，我们变得没有自信，不能实事求是地看待自己，不能从自身条件不足和所处的不利环境的局限中解脱出来，去做自己想做的事。

一个人要直面不完善的自我，要相信自己总有能做得很好的事情。

著名的京剧表演艺术家、麟派艺术的创始人周信芳，在其表演艺术渐趋成熟、日臻完美时，不幸的事发生在了他的身上：嗓子哑了。

对一个以唱为主的须生演员来说，"倒仓"是个致命的打击，为此，有的人不得不改行或靠耍花腔来遮丑。不过，周信芳对此一不气馁，二不取巧，他决心闯出一条新路来。

他冷静地分析了自己的嗓音条件，经过反复思考，决定在唱腔上讲究气势，学"黄钟大吕之音"。为此，他首先坚持不懈地下大力气练气，做到发声气足洪亮，咬文喷口有力；又特别在体会角色的思想感情方面努力，确切地表现出人物的性格、气质。

经过长期的钻研、探索，周信芳不仅没有受"倒仓"的限制，反而形成了苍劲强烈、韵味醇厚的特色，创造了独树一帜的麟派艺术。

很多事情都是如此，当一件事情大家都觉得不好的时候，往往是机会到来的时候。嗓子哑了成为周信芳的一个劣势，而从另一个角度来看，也是他的优势：他可以尝试很多前人没有走过的路，可以不陷入思维定式中。

一个人的优势往往是他的劣势，而劣势往往是他的优势，前提是我们要学会从不同的角度观察事物。人最大的失败就是给自己下一个定论。这就像在牌局中，其实没有什么好牌、坏牌，只要用对地方，它们都是有用的牌。

金无足赤，人无完人，每个人都会有自己的劣势和缺陷。有些人面对自己的缺陷，总是想办法遮掩，害怕别人的嘲笑，这样做往往适得其反。

正确的态度应是坦然面对自己的缺陷，不刻意掩饰，敢于挑战自我，并根据自己的具体情况确立自己的目标。这样就有可能避开自己的缺陷，甚至可能将劣势转化成优势。

内向的人仿佛天生不适合做销售，但他们做销售一定会给客户以稳重的感觉；外向的人仿佛天生不会静下心来思考，但他们要是做起策划方案来往往标新立异。所谓的优势与劣势，关键要看用在什么地方。上天造人，每块肌肉、每根神经都有其有用之处。

不必因为你现在处于劣势而烦恼，只要你努力，你一样可以将劣势转化为优势，让弱点成为闪光点！

第六章

选不了好牌，但可以放弃无用的牌

向左、向右，还是向前看

> 在打牌的过程中，面对出牌还是不出牌、出好牌还是留好牌的选择，人会迷茫。因为有所选择就有所舍弃，选择的过程也是一个放弃的过程。

　　每个人自打一出生就面临着众多选择，选择自己喜欢吃的东西，选择自己喜欢穿的衣服，选择自己喜欢的玩具；到后来的选择学校、选择专业、选择对象、选择职业、选择房子……我们在选择中度过自己的每一天。每个人的人生也都是自己选择的，人们或快乐地活着，或悲伤失望地活着，有什么样的选择就会有什么样的人生。选择是人生的第一步，只有选择之后才能为之付出努力，才能够成就自己的人生。面对选择，我们是该向左、向右，还是向前看？

　　选择是一个痛苦的过程，有时候甚至拿起菜单时，我们也会看着每一道菜的名字而不知道吃什么，总怕点了之后不合心意，或者吃了这个错过了那个，总怕错过最好的那一个，于是看来看去还是不知道该如何抉择。

　　人生也如牌局，在打牌的过程中，人们也需要选择出牌还是不出牌、出好牌还是留好牌。选择一个就意味着放弃其他的，所以人总是需要不断地权衡。

　　选择对于一个人来说极其重要，可能因为某个选择就幸福一生，也可能因为某个选择而遗憾终生。人们小时候差别很小，但是等到成年之后，人们的命运却出现了天壤之别：有的人名满天下、锦衣玉食，有的人却不得不在社会的底层挣扎度日。这就是在人生的众多路口，因不同选择导致行走的路线相差得越来越远而造成的。

人生的旅途中有很多十字路口，你的选择将决定你最后的方向和目的地。慎重地做好每一次选择，其效果有时甚至抵过你几年的努力。

古代有一位智者，他以有先知能力而著称于世。有一天，两个年轻男子去找他，这两个人想愚弄这位智者，于是想出了一个点子：他们中的一个在右手里藏一只雏鸟，然后问这位智者："智慧的人啊，我的右手有一只小鸟，请你告诉我这只鸟是死的还是活的？"如果这位智者说"鸟是活的"，那么拿着小鸟的人会将手一握，把小鸟弄死；如果他说"鸟是死的"，那么那一个人只需把手松开，小鸟就会振翅而飞。两个人认为他们肯定会赢，因为他们觉得问题只有这两种答案。

他们在确信自己的计划滴水不漏之后，就起程去了智者家，想跟他玩玩这个把戏。他们很快见到了智者，其中一个人提出了准备好的问题："智慧的人啊，你认为我手里的小鸟是死的还是活的？"老人久久地看着他们，最后微笑起来，回答说："我告诉你，我的朋友，这只鸟是死是活完全取决于你的手。"

你的人生由你自己决定，你事业的成败也完全是由你自己决定。

一个善于打牌的人就要懂得如何坚定地抉择。当做出一个崭新、认真且坚定不移的决定时，牌局很可能在那一刻改变。有了决定就可以解决牌局中的问题；有了决定就会给牌局带来无限的机会，带来成功的希望，它是一种能把梦幻化为实际的神奇力量，是使无形转变为有形过程的催化剂。

所以，人在行进的过程中要慎重选择，知道自己需要什么、不需要什么，不要被外界的花花绿绿迷了双眼。如果不能对自己的人生做出正确的选择，就会耽误自己的一生。成功的人之所以成功，是因为他们在人生的路上慎重选择，做出了重要的、正确的选择。

由美国励志演讲家杰克·坎菲尔和马克·汉森合作推出的《心灵鸡汤》系列读本，这些年来被翻译成数十种语言，感动、激励了无数人。可是谁能想到，在开始写作之前，马克·汉森经营的却是建筑业。

马克在建筑业经营彻底失败之后，果断地选择了放弃，他选择了彻底退出建筑业，并忘记有关这一行的一切知识和经历，甚至包括他的老师——著名建筑师布克敏斯特·富勒。他决定去一个截然不同的领域创业。

他很快就发现自己对公众演说有独到的领悟和热情，而这是个最容易赚钱的职业。一段时间后，他成为具有感召力的一流演讲师。

后来，他的著作《心灵鸡汤》和《心灵鸡汤Ⅱ》都登上了《纽约时报》的畅销书排行榜，并停留数月之久。

马克放弃了建筑业，但是你不能简单地说他是个半途而废的人，他只是放弃了错误的发展方向，选择了正确的发展方向。

在人生的道路上，面对众多的十字路口，我们自己要把好这一关，鱼与熊掌不可兼得，所以要慎重选择，确定好自己的人生方向，这样才能更好地为之奋斗！

深思熟虑不打错牌 = 拿到一手好牌

> 牌局中，不管你手中的牌是多么的令人不满意，如果你每次出牌都经过深思熟虑，确保不打错牌，其实就相当于你拿到了一手好牌！

有时候，我们可能会遇到这样的情形：觉得所有的问题都接踵而至，所有的难题似乎都在同一时间抛了过来，于是开始晕头转向，抱怨为什么自己的运气会这么差。而这个时候，人更需要慎重地走好每一步，在走每一步之前都要经过深思熟虑，只要不走错路，一切问题都能迎刃而解，自己的前途同样是一片光明。

做任何事情，都既要勤奋刻苦，也要开动脑筋想办法。鲁莽急躁的人喜欢速决：他们不顾障碍，行事鲁莽，干什么事都急匆匆的；有时候尽管判断正确，却又因为疏忽或办事缺乏效率而出差错。但是智者却不会这样，他们一生都在开动脑筋，积极寻找新的方法。在现代社会，最终的强者也将是善于寻找新方法的那部分人。

稻盛和夫被日本经济界誉为"经营之神"。他所创办的京都陶瓷公司，是日本最著名的高科技公司之一。该公司刚创办不久，就接到著名的松下电子的显像管零件U形绝缘体的订单。这笔订单对于京都陶瓷公司的意义非同一般。

但是，与松下做生意绝非易事，商界对松下电子公司的评价是："松下电子会把你尾巴上的毛拔光。"对新创办的京都陶瓷公司，松下电子虽然看中其产品质量好，给了他们供货的机会，但在价钱上却一点都不含糊，且年年都要求降价。对此，京都陶瓷公司的一些人很灰心，因为他们认为：我们已经尽力了，再也没有潜力可挖了。再这样做下去的话，根本无利可图，不如干脆放弃算了。但是，稻盛和夫认为：松下出的难题确实很难解决，但是，屈服于困难，也许是给自己未足够的挖潜找借口，只有积极主动地想办法，才能最终找到解决之道。

于是，经过再三摸索，公司创立了一种名叫"变形虫经营"的管理方式。其具体做法是将公司分为一个个的"变形虫"小组，作为最基层的独立核算单位，将降低成本的责任落实到每一个人。即使是一个负责打包的员工，也知道用于打包的绳子原价是多少，明白浪费一根绳子会造成多大的损失。这样一来，公司的运营成本大大降低，即便是在满足松下电子苛刻条件的情况下，利润也甚为可观。

有些问题的确很棘手，可能想了许多办法仍无法解决，于是有人便认为"已经是极限"，或是"已经尽力"，再去努力也是白搭。但当你真正经过一番努力奋斗后，就会知道所谓的"难"，其实只是自己的"心灵桎梏"。解决问题的关键不在于问题本身，而在于我们没有解开自己的心结，在于我们没有用心去想。不怕问题困难，就怕不主动找方法。就好像一把锁总有一把对应的钥匙一样，每一个问题都会有解决的办法，而这把解决问题的钥匙就在我们自己身上。

方法大师吴甘霖先生在讲座中经常提及发生在自己身上的一个故事：

一次公司放年假，吴先生准备给每位员工的妈妈买份礼物。他走进公司附近一家著名药店的分店，看中了一种补血剂，没想到只剩下两盒了，离他要求的数量还差很多。"能不能到总部进点货？"他跟售货员商量。售货员回答说："进货需要上报、到仓，第三天才能送货。"可员工们下午就要回家探亲了，吴先生着急地问："能不能快一点儿呢？"售货员们都摇头。吴先生又鼓励他们："想想办法吧，一定能解决的。"这时，一位姓王的女售货员说："我们可以试试给附近的其他分店打个电话，看他们有没有货。如果有的话，我们先向他们借，3 天后再还。"打过电话后，问题迎刃而解，他们将几个分店的货凑起来给了吴先生。

这虽然是件小事，但也充分说明：只要努力想，就一定有办法解决问题。在面对一个难解决的问题时，一句"没办法"，似乎让我们找到了可以不去想办法的理由；但也正是一句"没办法"，浇灭了很多创造之花，阻碍了我们前进的步伐。

事实上，只要积极地开动脑筋，主动地寻找方法，用一种灵动多变的思考方式、一种随机应变的智慧去分析、判断问题，就没有解决不了的问题。

在面对一个问题时，如果不积极思考，努力寻找应对之策，那么，即使你是一名天才，你仍会一筹莫展。所以，我们要开动自己的脑筋，走好每一步，才能够让坏牌变成好牌！

放弃与失去

> 　　放弃出一张牌，不一定就意味着失去了赢牌的机会，相反，在一定的时候选择放弃，是为把握更好的出牌机会积蓄爆发的力量。

　　我们痛心于舍弃，是因为将不会再拥有。《大话西游》中有这样一段经典台词："曾经有一份真诚的爱情放在我的面前，我没有珍惜，等我失去的时候我才后悔莫及，人世间最痛苦的事莫过于此。如果上天能够给我一个再来一次的机会，我会对那个女孩子说三个字：我爱你。如果非要在这份爱上加上一个期限，我希望是……一万年！"因为失去过，我们明白了什么叫作彻骨的痛，什么叫作珍惜，所以更害怕失去。不敢轻易放弃，是怕自己后悔，是怕现在的放弃是一种不明智的选择，所以放弃之后总会忐忑不安。而事实上，放弃是一个新的开始，开启了自己新的人生篇章，抛弃的只是以前的一种不可持续的状态，因此，放弃也不见得是一件坏事。

　　人的一生很短暂，有限的精力不可能把方方面面都顾及，而世界上又有那么多炫目的东西，所以，放弃就成了一种大智慧。放弃其实是为了得到，只要能得到你想得到的，放弃一些对你而言并不重要的东西又有什么不可以呢？贪婪是大多数人的毛病，有时候抓住自己想要的所有东西不放，就会给自己带来压力、痛苦、焦虑和不安。什么都不愿放弃的人，往往结果什么也得不到，反而是那些懂得放弃的人，得到的可能是人生的另一番美妙的风景。就像打牌一样，在打牌的时候，放弃出一张牌，不一定就会输，这时的放弃只是为了等待更好的赢牌时机。

　　40岁那年，欧文从人事经理被提升为总经理。3年后，他自动"开除"自己，舍弃堂堂总经理的头衔，改任没有实权的顾问。正值人生最巅峰的阶段，欧文却奋勇地从急流中跳出，他的说法是："我不是退休，而是转进。"

"总经理"3个字对多数人而言，代表着财富、地位，是事业、身份的象征。然而，短短3年的总经理生涯，令欧文感触颇深的却是诸多的"无可奈何"与"不得而为"。他全面地打量自己，他的职位确实让他很光鲜，周围想巴结他的人更是不在少数，然而，他每天除了疲于奔命、穷于应付之外，其实活得并不开心。这个想法促使他决定辞职。"人要回到原点，才能更轻松自在。"他说。

辞职以后，司机、车子一并还给公司，应酬也减到最少。不当总经理的欧文，感觉时间突然多了起来，他把大半的精力拿来写作，抒发自己在广告领域多年的心得。

"我很想试试看，人生是不是还有别的路可走。"他笃定地说。事实上，欧文在写作上很有天分，而且多年的职场经历让他积累了大量的素材。现在欧文已经是某知名杂志的专栏作家，期间还完成了两本管理学著作。欧文迎来了人生的第二次辉煌。

作家班塞说过一段令人印象深刻的话："在其位的时候，总觉得什么都不能舍，一旦真的舍了之后，又发现好像什么都可以舍。"曾经做过杂志主编、翻译出版过许多知名畅销书的班塞，在40岁——处于事业最巅峰的时候退下来，选择当个自由人，重新思考人生的出路。

我们总以为放弃之后失去了很多，事实却不是这样。放弃并不等于失去。放弃了某个东西，或许我们收获的不仅仅是另一个东西，还有另一种心境。

这就像对一份已经死亡的爱情，你一直紧紧地抓在手中不见得就是珍惜。珍惜一个人、爱一个人要建立在你对他的那份真心上，如果已经不爱了，或者爱已经淡了、散了，那么何必要折磨彼此呢？你抓在手中不见得就是拥有，你放弃了也不见得就是失去。放弃了旧的东西，才能让新的东西填充进来，人应该有对新生活的憧憬以及勇敢地放弃痛苦生活的洒脱。在放弃之后，你可能会发现一身轻松，太阳是全新的，外面的世界是全新的，那些旧的阴霾都已经消散，迎接你的是更美好的明天。

放弃是一种智慧，是一种豁达，它不盲目，不狭隘。放弃，对心境是一种宽松，对心灵是一种滋润，它驱散了乌云，它清扫了心房。有了它，人生才有坦然的心境；有了它，生活才会阳光灿烂。

人生就像牌局，要面临很多的选择。放弃那些无用的牌，这并不代表失去，而是为了更有利于牌局的发展！

着眼长远，抛开眼前利益

面对牌局，成功与否，在于出牌者的眼光。只有有远见的打牌者才能够看到赢牌的希望，因为他着眼的不只是眼前。

人生道路上会有各种问题需要我们去抉择，一项重要的抉择很可能直接影响我们的人生，比如事业的发展，比如有一个什么样的家庭。面对选择，很多人犹豫了，该如何抉择？未来都是一无所知的，看着左手与右手不知道孰轻孰重。这个时候，人就要有能坚决放弃的勇气，需要放弃的是眼前的利益。

英国退役军官迈克·莱恩曾是一名探险队员。1976年，他随英国探险队成功登上了珠穆朗玛峰。而在下山的路上，他们遇上了狂风暴雪，每行进一步都极其艰难。最让他们害怕的是，风雪根本就没有停下来的迹象。这时，他们的食品已为数不多，如果停下来扎营休息，他们很可能在没有下山之前就会被饿死；如果继续前行，大部分路标早已被大雪覆盖，不仅要走许多弯路，而且每个队员身上所带的设备及行李等物品会压得他们喘不过气来，这样下去就会步履缓慢，即使饿不死，也会因疲劳而倒下。

在整个探险队陷入迷茫的时候，迈克·莱恩率先丢弃所有的随身装备，只留下不多的食品，轻装前行。他的这一举动遭到所有队员的反对，他们认为，要下山最快也得 10 天时间，抛弃装备就意味着这 10 天里不仅不能扎营休息，还可能因缺氧而使体温下降，导致冻坏身体。那样，他们的生命将是极其危险的。而迈克·莱恩很坚定地告诉他们："我们必须而且只能这样做，这样的雪山天气 10 天半月都有可能不会好转，再拖延下去，路标就会被全部掩埋。丢掉重物，就不允许我们再有任何幻想和杂念，只要我们坚定信心，徒手而行，就可以提高行进速度，也许这样我们还有生的希望！"

最终队员们采纳了他的意见，一路上相互鼓励，忍受疲劳和寒冷，不分昼夜地前行，结果只用了 8 天时间就到达了安全地带。而恶劣的天气，正像他所预料的那样，这些天内从未好转过。

若干年后，伦敦英国国家军事博物馆的工作人员找到迈克·莱恩，请求他赠送任何一件与英国探险队当年登上珠穆朗玛峰有关的物品，不料收到的却是莱恩因冻坏而被截下的 10 个脚趾和 5 个右手指尖。当年的一次正确的决定，挽救了所有队员的生命；也是由于这个选择，他们的登山装备无一保存下来，而冻坏的指尖和脚趾，却在医院截掉后留在了身边。这是博物馆收到的最奇特而又最珍贵的赠品。

迈克·莱恩正是因为放弃了眼前的利益，放弃了随身带着的那些物品，才能够轻装上阵。假若他们依旧背着重物前行，很可能就会累倒在路上，以至于找不到路标回来，队员的生命也会有危险。

生活中，我们总会被眼前的利益所吸引，而无法看到长远的利益，要立马能够见到效益才愿意进行尝试。但一个不注重长远利益的人，很可能因为目前的一些行为影响今后的发展，就像我们现在开始注意环境保护，一方面是因为以前的污染给目前的生活造成了很大的影响，另一方面我们因此得到了教训，人类也要给子孙后代造福。这些道理是相通的。有这样一个故事：

有一个人，去找一位成功人士学习成功的经验。他找到成功人士之后，成功人士什么都没说，拿出来一块西瓜，切成大小不等的3块，对他说："这几块西瓜代表着不同的利益，西瓜的大小也代表着利益的大小，你愿意要哪一块西瓜？"这个人觉得应该要最大的那个，于是他选择了最大的那一块。成功人士便将这块西瓜给了他，而自己选择了最小的那块吃起来。成功人士很快吃完了最小的一块西瓜，接着拿起桌上的另一块吃起来。这个人此时明白了成功人士的意思：他虽然选择了最大的一块，但得到的总量却很少，成功人士最终获得的利益自然比他多。

很多时候我们就像故事中的这个人一样，只看到眼前自己觉得最大、最好的利益，最后却发现事实并不是这样的，眼前看起来最大的利益并不见得真的就最好。尤其是对于一个企业、一个国家来说，长远的利益才是最终的追求目标，而不能总是想占眼前的小便宜。

打牌也是如此，如果一个打牌者总是只看眼前这步，他必定与赢牌无缘。

适合的是最好的

> 一个出色的打牌者，他拥有的牌并非总是最好的，但他能将自己手中现有的资源用到合理的地方。小牌有小牌的作用，大牌有大牌的功能，不是说最大的就最好，只有适合的才是最好的。

要知道，世界上的东西不是看着好就真的好，只有适合的才是最好的。

许多时候，人们往往对自己的幸福熟视无睹，却觉得别人的幸福很耀眼。他们想不到，别人的幸福也许不适合自己。

这个世界多姿多彩，每个人都有属于自己的位置，有自己的生活方式，有自己的幸福，何必去羡慕别人？安心享受自己的生活、享受自己的幸福，才是快乐之道。

你不可能什么都得到，你也不可能什么都会做，所以，你还要学会放弃，放弃不切实际的想法，放弃愚蠢的行为。只有学会放弃，学会知足，才能更好地把握快乐，享受幸福。

也许你奔跑了一生，也没有到达目的地；也许你攀登了一生，也没有登上峰顶。但是抵达终点的不一定是勇士，失败的也未必不是英雄。人生之路，无须苛求。只要你找到适合自己的坐标，路就会在你脚下延伸，你的智慧就能得到充分发挥。一个出色的打牌者，他之所以出色，并不是因为他总能拿一手好牌，而是因为他能让手中所有的牌发挥最大的作用，用到最合适的地方。

生活中，有人会觉得别人做的事情非常好，就不考虑自身的条件而去跟着别人做同样的事情，却屡屡失败。比如：看着娱乐圈大红大紫的明星们，他们受众人瞩目，假如你只是觉得这样的生活令你艳羡，就去模仿，那真的很可能耽误了你。要知道，在明星令人艳羡的光环下，他们付出了远超出常人的努力。但并不是所有人只要付出努力，有了目标就可以取得胜利的。人首先要找准自己的坐标，如果找不准自己的坐标，那么很可能就只是做无用功。

对于每一个人，乃至于一个企业来讲，都要有一个最适合于自己的发展路线，只要沿着这条路线一直走下去，就会离成功越来越近。

不做"穷忙"族，忙要忙在点子上

总有这样的打牌者，看似每场都认认真真，却每场都输牌。原因不是他不够努力，而是根本没有将牌打到点子上。

生活中，我们可能会有这样的感受：一天下来觉得忙忙碌碌的，但是在晚上静下心来想这一天都干了些什么的时候，却突然间觉得自己似乎什么都没干，忙了一整天，并没有偷懒，却没有任何收获。归其原因，很大程度上都是因为我们没有忙在点子上，什么都想干，却什么都没有干好。

这种现象其实在很多人身上都会发生，这会导致我们的学习效率或工作效率大大降低。如果细心总结，就会发现实际上这是因为我们每次在一定的时段里都想要做很多的事情，缺少一个固定的目标，精力过分分散造成的。

美国明尼苏达矿业制造公司的口号是："写出两个以上的目标就等于没有目标。"这句话不仅适用于公司经营，就是对个人的工作也有指导意义。"一个人做事缺乏效率的一个根本原因，就在于没有固定的目标。他的精力太过分散，以至于一无所成。"著名效率管理专家史蒂芬·柯维，在分析了众多个人在工作上效率低下的案例之后得出了这样的结论。

事实的确如此。许多人之所以在工作和生活中缺乏效率，就是因为目标过多，自己无法将精力集中在重要的事情上造成的。如果他们能集中在一个目标上，他们获得成功的概率会大很多。

"瞧这儿，"一个农场主对他新来的帮手汤米说，"你这种犁法是不行的，你都犁歪了，在这样弯曲的犁沟中，玉米会长得很混乱。你应该让你的眼睛盯住田地那边的某样东西，然后以它为目标，朝它前进。大门旁边的那头奶牛正好对着我们，现在把你的犁插入土地中，然后对准它，你就能犁出一条笔直的犁沟了。"

"好的，先生。"10分钟以后，当农场主回来时，他看见犁痕弯弯曲曲地遍布整块田地。"停住！停在那儿！"

"先生，"汤米说，"我绝对是按照您告诉我的在做。我笔直地朝那头奶牛走去，可是它老在动。"

因为目标总是在变动，你就不得不在这个目标和那个目标之间疲于奔命，这是一种没有目的、缺乏头脑，而且效率非常低下的工作方法。

　　福威尔·伯克斯顿把自己的成功归因于勤奋和对某个目标持之以恒的毅力。在追求某个目标时，他从来都是全身心地投入。正是源于他对自身奋斗目标的清楚认识和执着追求，最终促成了他的成功。拿破仑·希尔先生在仔细观察过 100 多位在本行业获得杰出成就的人士的商业哲学观点之后认为，所有的成功者都有做事专注于一个目标的优点。

　　在打牌的过程中，如果打牌者追逐的目标过多，想在这一步压住别人的牌，又想在另一步出奇制胜，结果很可能是哪一步都没有出好。人生也一样，当一个人养成做事有"明确的主要目标"的习惯后，就会培养出能够迅速作决定的习惯，而这种习惯对提高他的工作效率很有帮助。相反，那些同时有着很多目标、精力分散的人，会很快耗尽他们的精力，随之而来的就是消磨掉原先的雄心壮志。

　　养成按"明确的主要目标"做事的习惯，将帮助你把全部的注意力集中在一项工作上，使你的行动效率大大提高。

　　事实证明，最著名的成功商人都是那些能够迅速而果断地作决定的人。他们在工作时，总是先以一个重大的特殊目的作为他们的主要目标。威尔逊专心于问鼎白宫长达 25 年之久，最后终于成为白宫的主人，这得益于他深深懂得坚持一项"明确的主要目标"的价值。

　　只有一块手表，可以确切地知道时间，拥有两块或者两块以上的手表，就无法确定时间。两块手表并不能告诉一个人更准确的时间，反而会让看表的人失去对准确时间的判定，这就是著名的"手表定律"。

　　"手表定律"带给我们这样的启示：对于一个企业来说，不能同时采用两套管理方法，否则这个企业将陷入一片混乱；同样，一个人也不能同时为自己设置两个目标，否则将会无所适从。

　　如果确定的目标被证明是正确的，就应该像卫星导航船一样，坚定不移地为目标而奋斗。风平浪静时，卫星导航船将一直朝着它要到达的港口航行；风起云涌时，卫星导航船即使在狂风暴雨中也会一直坚持它的航线。卫星导航船在海中航行时永远只会看到一样东西，那就是它所要到达的港口。不管天气怎么样或者它遇到什么样的困难，它到达港口的时间会在几小时内就被预测出来。一艘想到达波士顿的船绝不会在纽约出现。

我们为了最大化地提高效率，就要确定好自己在特定时间内的目标，明确目标才能忙到点子上，退出"穷忙族"。

做人学学橡皮筋

> 在打牌的过程中，输牌和赢牌是常有的事情，我们不能因为输了一局牌而沮丧不已，也不能因为赢了一局就洋洋自得，而应在输赢之间能屈能伸。

人生有两种情境，一是逆境，一是顺境。面对顺境和逆境，人有必要向橡皮筋学习。在逆境中，困难和压力逼迫身心，这时应懂得一个"屈"字：委曲求全，保存实力，以等待转机。在顺境中，幸运和环境皆有利于我，这时当不忘一个"伸"字：乘风万里，扶摇直上，以顺势应时，更上一层楼。

这就像打牌，输牌和赢牌是常有的事情。就做人而言，应该有刚有柔。人太刚强，遇事就会不顾后果，迎难而上，这样的人容易遭受挫折；人太柔弱，遇事就会优柔寡断，坐失良机，这样的人很难成就大事。

做人就要刚柔并济，能刚能柔、能屈能伸，当刚则刚，当柔则柔，屈伸有度。适当的弹性有助于你克服障碍，加快前进的步伐。小草之所以抵得过强风，是因为懂得随风摇曳，随时改变自己的姿态；扁舟之所以抗得住恶浪，是因为能够顺流击水，随时调整自己的航向。

有一个人在社会上总是不得志，有人向他推荐一位得道大师。他找到大师，倾吐了自己的烦恼。大师沉思了一会儿，默然舀起一瓢水，说："这水是什么形状？"这人摇头："水哪有形状呢？"大师不答，只是把水倒入一只杯子，这人恍然，道："我知道了，水的形状像杯子。"大师无语，轻轻地拿起花瓶，把水倒入其中，这人又道："哦，难道说这水的形状像花瓶？"

大师摇头，轻轻提起花瓶，把水倒入一个盛满花土的盆中。水很快就渗入土中消失不见了。这人陷入了沉思。这时，大师抓起一把泥土，叹道："看，水就这么消失了，这就是人的一生。"

那个人沉思良久，忽然站起来，高兴地说："我知道了，您是想通过水告诉我，社会就像一个个有规则的容器，人应该像水一样，在什么容器之中就像什么形状。而且，人还极可能在一个规则的容器中消失，就像水一样，消失得迅速、突然，而且一切都无法改变。"

这人说完，急切地盯着大师，渴盼大师的肯定。"是这样。"大师微笑着说，"又不是这样！"说毕，大师出门。这人随后。

在屋檐下，大师伏下身，用手在青石板的台阶上摸了一会儿，然后顿住。这人把手指伸向大师手指所触之地，那里有一个深深的凹口。大师说："下雨天，雨水就会从屋檐落下。你看，这个凹处就是雨水落下的结果。"此人于是大悟："我明白了，人可能被装入规则的容器，但又可以像这小小的雨滴，改变这坚硬的青石板。"大师点头："对，这个窝会变成一个洞。"

做人就要像水一样，有弹性，能屈能伸，无论是在工作上还是感情上都是如此：可以和一些人在一起工作，也可以一个人工作；可以被人捧到天上，也要学会忍受别人的责骂。不要因为一次的失败而觉得前途渺茫，不要因为人生路上的不如意而对自己丧失信心，应当以一颗坚强的心去面对生活的刁难和挑战。越王勾践能够享受尊荣，也能够卧薪尝胆，在大喜大悲之后依然能够称王，这便是弹性。在得意的时候能够开怀大笑，但也能把握得住分寸，不让扑面而来的掌声、鲜花迷失了双眼，这样才能使得自己的人生不断走向新的辉煌。

在行进的过程中，经过不断的努力，若发现此路不通，就不要钻牛角尖，人要懂得转弯，绕道而行。与对手竞争的时候，也不要一味地将对于看作敌人，因为对手身上的优点很可能是你没有的，有时候对手就是一个榜样，值得你学习。一味地将对手看成敌人、想尽办法打赢对手的人是不能取得最终的成功的，只有那些虽然存在竞争关系，但是仍然将对手当朋友的人才能走得更远，以后的路子才会更宽。对于企业来讲，要有大企业的气魄，赢得起、输得起，并且在输的时候能够虚心地学习竞争对手如何将企业做得更好，并感谢对手的存在让自己的企业能够不断改善自身的弱点，越做越强。

遇到失败的时候，看看能不能在败局中找到新的成功之路。给一个曾经伤害过你的人一个机会，多一分宽容，或许就在你对他微笑的那一刻起，你已经成了他这一生中最重要的朋友。人在很多时候要学会适时屈伸，这样才更有利于自身的发展。

人生如牌局，不论遇到什么的牌局，好或不好，人都应像橡皮筋一样拥有一份弹性。一时的忍耐很可能换来长久的希望与成功，能屈能伸的人才能成为终极赢牌者。

手中握的是你的牌局，也是你的人生

在一场牌局中，手中的牌虽然是固定的，结局却不是固定的，你选择了什么样的打法，就会有什么样的结局。

在人生的长河中，我们的选择、采取的态度决定了我们人生的结局，可以说，人生有什么样的结局都掌握在我们自己的手中。

我们可以选择懒惰，我们可以什么都不干，一天一天地混日子，将就活着，甚至每天可以不刷牙、不洗脸、不洗衣服、不换鞋，没有人管你，你的生活你做主。但是，我们同样可以选择每天干干净净地出门，认真努力地做好每一件事情，和社会名流打交道，将自己的房间收拾得干干净净，生活的一切都很精致；我们可以去听场音乐会，可以伴随着幽香的茉莉花茶仔细地去品读一本书，徜徉于书的海洋……这一切都是我们自己的选择，我们的生活依然是我们做主。

如果将人生比做打牌，你可以选择认真地打一局牌，也可以在打牌的过程中马马虎虎，一切都取决于你，但是，有什么样的选择就会有什么的结局。生活中，虽然我们每个人的起点都不一样：有的人可能生活在一个比较富裕的家庭里，各方面的条件都比较优越；而你却出身贫寒，自身的各方面条件都比不了别人，但这并不意味着你的结局就一定比他差。还是那句话，有什么样的结局都掌握在你的手中。你勤奋努力，不畏各种艰难险阻，就会有成功的结局；如果你骄傲自大，觉得自己一切条件都比别人好，所以你不思进取，以至最终吃空老底，一贫如洗，潦倒后半生，这是你的选择，你的结局如此也是你一手造成的。

一个因病而仅剩下数周生命的妇人，一直将所有的精力都用来思考和谈论死亡有多恐怖。以安慰垂死之人著称的蓝姆·达斯当时便直截了当地对她说："你是不是可以不要花那么多时间去想死，而把这些时间用来活呢？"他刚对她这么说时，那妇人觉得非常不快。但当她看出蓝姆·达斯眼中的真诚时，便慢慢地领悟到他话中的诚意。"说得对！"她说，"我一直想着死亡，却完全忘了该怎么活。"一个星期之后，那妇人过世了。她在死前充满感激地对蓝姆·达斯说："过去一个星期，我活得要比前一阵子充实多了。"

的确，这位妇人是在恐惧中度过最后的时光，还是用最后的时光做一些自己认为值得做的事情，这两种选择也都在她自己，她听了蓝姆·达斯的劝告，选择了后者，最终幸福地离去。

在生活中，我们要让自己过得更加有意义一些。一个人完全有可能拥有完美的、辉煌的人生，就看你怎么做了，你现在的做法就是决定你以后结局的关键。

有这样一位叫任小萍的女士，她通过自己的努力，掌握了自己的人生。在她的职业生涯中，每一步都是组织上安排的，自己并没有什么自主权。但在每一个岗位上，她也有自己的选择，那就是比别人做得更好。

1968 年，在西瓜地里干活的她，被告知北京外国语学院录取了她。到了学校她才知道，她年纪最大，水平最差，第一堂课她就因为回答不出问题而站了一堂课。然而，毕业的时候，她已成为全年级最好的学生之一。

大学毕业后，她被分到英国大使馆做接线员。接线员是个看似简单，要做好却不容易的工作。任小萍把使馆里所有人的名字、电话、工作范围甚至他们家属的名字都背得滚瓜烂熟，有时候，一些电话打进来，不知道该找谁，她就多问几句，尽量帮助别人找到要找的人。逐渐地，使馆人员外出时，都不告诉自己的翻译了，而是打电话给任小萍，说可能有谁会来电话，请转告什么话。任小萍这儿成了一个留言台。不仅如此，使馆里有很多公事私事都委托她通知、转达、转告。这样，任小萍在使馆里成了很受欢迎的人。

有一天，英国大使来到电话间，靠在门口，笑眯眯地看着任小萍，说："你知道吗，最近和我联络的人都恭喜我，说我有了一位英国姑娘做接线员。当他们知道接线生是中国姑娘时，都惊讶万分。"英国大使亲自到电话间表扬接线员，这在大使馆是破天荒的事情。结果没多久，任小萍就因工做出色而被破格调去英国某大报记者处做翻译。

该报的首席记者是个名气很大的老太太，得过战地勋章，被授过勋爵，本事大，脾气也大，她把前任翻译给赶跑了。她刚开始也不愿雇用任小萍，看不上她的资历，直到后来才勉强同意一试。一年后，老太太经常对别人说："我的翻译比你的好上 10 倍。"不久，工做出色的任小萍就被破例调到美国驻华联络处，她干得同样出色，获外交部嘉奖……

一个人在无法选择工作时，至少有一样可以选择，就是好好干还是得过且过。在同一个工作岗位上，有的人勤恳敬业，付出的多，收获也多；有的人整天想调好工作，而不愿做好眼前的事，最终很可能一事无成。不同的选择决定了将来不同的结局。

如果现在的你想走向成功，让自己的人生更加辉煌，就要从现在起开始选择什么该做、什么不该做，以及用一种什么样的态度去做，这一切的结局都掌握在你自己的手中！

第七章

思路决定出路，把坏牌变成好牌

每打一张牌，都等于重新发牌

> 打牌的时候，可能上一张牌对自己很不利，但这并不代表对这局牌不利。在打牌的过程中，每一张牌都是一个新的起点，牌局结束之前，你永远有赢的希望。

很多人认为人生很难，是觉得起点相差悬殊。但实际上，只要是一个心中有梦、不断追求卓越的人，对于他来说，人生的每一次境遇都是一个新的开始。

丢掉工作的时候，不要气馁，因为这是你的一个新起点，你可能会因此比以前更优秀。好好总结失败的经验，精力充沛地投入新的生活，丢掉以前各种不好的事情和心境，重新开始也是不错的选择。遭受挫折的时候，不要气馁，因为每天都是一个全新的开始，我们应该以一个全新的心态去面对。所有的事情都是一个新的起点，一切都可以重新开始。

CNN 的老板特德·特纳年轻时是一个典型的花花公子，从不安分守己，他的父亲也拿他没办法。他曾两次被布朗大学除名。后来，他的父亲因企业债务问题而自杀，他因此受到了很大的触动。他想到父亲含辛茹苦地为家庭打拼，他却胡作非为，不仅不能帮助父亲，反而为父亲添了无数麻烦。他决定改变自己，要把父亲留给自己的公司打理好。从此，他像变了一个人，成了一个工作狂，而且不断寻找机会壮大父亲留下的企业，最终将 CNN 从一个小企业变成了世界级的大公司。

其实很多时候，人的改变就在一瞬间，只要我们思想上有了一种强烈的要改变的意识，并下定决心，改变就不是难事。一瞬间的改变可以成就一个人的一生，也可以毁灭一个人的一生，所以，我们不能忽视瞬间的力量。

这个世界上不会有人一生都毫无转机，穷人可能会腾达为富人，富人也可能沦落为穷人。富有或贫穷，胜利或失败，光荣或耻辱，所有的改变都可能在一瞬间发生。

但是我们常常会这样认为，自己以前有多么多么的不好，自己以前不上进，自己以前的底子不好，自己以前已经败得一塌糊涂……以一系列不好的原因来说明自己以后不能成功。这些实际上都是借口。人生的每一步就如同打牌，每打一张牌就相当于重新发牌，不要太在意以前的事情，认真地重新开始，一切都是新的，人要学会自己给自己机会。

当初鲁迅先生觉得中国落后是因为中国人的体格不行，于是他去日本学习医学。但一次在课间看电影的时候，他看到日本军人挥刀砍杀中国人，而围观的中国人却一脸的麻木。当时，其他的日本同学大声地议论："只要看中国人的样子，就可以断定中国必然灭亡。"鲁迅思想上顿然发生了改变，他说："因此我觉得医学并非一件紧要事，凡是愚弱的国民，即使体格如何健全、如何茁壮，也只能做毫无意义的示众的材料和看客，病死多少是不必以为不幸的。所以我的第一要素是在改变他们的精神，而善于改变精神的是，我那时以为当然要推文艺，于是想提倡文艺运动了。"从此，鲁迅决定弃医从文，以笔为枪，去唤醒中国人民，中国也因此多了一位伟大的思想家和文学家。

在鲁迅先生决定学医的时候，他的人生是一个新的人生，当他弃医从文的时候，他的人生又是另一种样子。他的每一步都是重新开始，因为他多了别人没有的勇气和决心。

生活中，我们之所以不能摆脱自己失败的阴影，就是因为从来没有将失败当作一个新的开始，没有将生活的一种改变——尤其是由好的变化到不好的变化当作一个新的起点，一个崭新的开始，而总是沉浸在过去的事情中无法自拔，所以人往往会因此止步不前。

在人生的长河中，我们应当和打牌一样，以每一次出牌都是重新洗牌之后的心境，激情澎湃地去应对到来的一切。

牌局困境：溺水而死还是学会游泳

> 穷则变，变则通，通则久。拿到手的牌无法改变，但是拿牌的人却可以改变自己的思路，让自己手中的牌发挥最大的效用，摆脱困境，走向成功。

有首歌是这样唱的："山不转哪水在转，水不转哪云在转，云不转哪风在转，风不转哪心也转；心不转哪风在转，风不转哪云在转，云不转哪水在转，水不转哪山也转……"的确，只要我们有心，什么都能改变。

在亿万年前，恐龙曾经是地球上最强大、最活跃的物种之一，但不知道什么原因绝种了，至今没有一个科学家能拿出确实的证据来证实。但有人曾提出一个观点，就是当环境发生剧烈变化的时候，长期安于现状的恐龙缺乏应变和学习能力，无法改变自己以适应环境的变化。

现实生活中，存在很多像恐龙这样安于现状的人，我们姑且称之为"恐龙族"。

"恐龙族"不喜欢改变，他们安于现状，没有创新精神，没有工作热忱，不设法改进自己，不让自己有资格做更好的工作。"恐龙族"不肯承认改变的事实，他们不愿为自己制造机会，而情愿受所谓运气、命运的摆布。

在我们周围，你能发现许多类似的人：他们的生活状态不一定很好，可也不算很坏；他们的生活质量不一定很高，可也不算太低；他们的人生说不上成功，可也算不上失败。他们一生最大的愿望就是能将他们目前的生活状态保持下去。他们也想过冒险，从而使自己的人生更加丰富多彩，但他们又担心万一失败，连自己现在拥有的也失去了。也就是说，寻求一种生活的安全感成了他们所追求的最高的人生目标。

　　客观来说，随遇而安、过一种普普通通的生活也是一种人生，因为我们大多数人都是这样度过的。但是，如果总是随遇而安，把所谓的生活安全感放在人生的第一位，久而久之，我们就会产生一种惰性，当机会来到面前时，就把握不住了。

　　有这样一个故事：

　　人们结伴去寻找一座嵌满宝石的矿山。当他们沿着一条大路前进时，走着走着，突然前方出现了一条大河，挡住了前进的道路。河水奔腾不息，大有吞没一切的势头。矿山就在河的对岸，极目能见，但面前的这条河却使他们陷入了困境。怎么办？人们一直是靠双脚在行走，但陆路已走到了尽头，再用双脚是走不过这条大河的。这时，人们能够做的只有改变自己。然而，许多人却不知道改变，他们仍按照陆地行走的方式走进大河，结果被淹死了，未能到达成功的彼岸；而另一些人，他们知道河水凶猛，也不知道应该如何改变自己，只能在远处眺望那耀眼的宝石，望河兴叹。

　　另有一些人，他们改变了陆地行走的姿势和习惯，学会了游泳，泅过了这条河，到达了宝石矿山。还有一些人临河沉思，偶然看见一根圆木在河里漂浮，于是有了变化的灵感，意识到圆木能将他们带到对岸，结果他们发明了船，同样到达了矿山。

　　渡过大河的人都成了成功者，他们成功的秘诀就在于善于改变，而这种改变就是人们常说的变通。穷则变，变则通，通则久。

　　遇到困难时要改变自己的思路和行为，只有改变，才能克服困难，走向成功。美国著名人士罗兹说："生活的最大成就是不断地改造自己，以使自己悟出生活之道。"由此可知，变通就是我们遇到困难和变化时所采取的有效方法和手段。

　　这种方法和手段有这样两大特点：

　　一是根据客观情况的变化而改变自己。就像泅水过河的人一样，他改变了自己，由双腿着地地行走变成了双臂划水游泳。这一改变的特点在于改变自身，让自己去适应环境，从而克服困难。

二是深刻理解了变化的原因之后，努力去引导变化、驾驭变化。就像船的发明者一样，他理解了水的特点之后，借助水的浮力和木材的特性制造了船。这一改变的特点在于把外在的东西变为自己的东西，借外物的力量来壮大自己的力量。因为客观情况是不断变化的，所以我们必须随着客观情况的变化而变化。

企业中那些一流的员工就是那些胜利到达对岸的人。他们懂得在困境面前主动改变自己的思路和方法，以变通的思维去克服困难；末流员工固守旧有的思维模式和行为模式，不懂得随着外界环境的变化而灵活地变通，最后的结局只能是或者沉入河底，或者望河兴叹。成功对于他们来说，永远都是可望而不可即的。

人生就像打牌，当大牌赢不了的时候，可以想可否组成串牌；当串牌赢不了的时候，可以以自己手中的小牌引对方的大牌出手，之后再利用对方无大牌的优势打赢，等等。总之，当我们无法改变手中的牌时，要学会改变自己的思路。

巧打翻身仗：以己变应万变

> 牌局中很可能出现各种变化，对手的改变、局势的改变……许多事情始料不及。但人是活的，对于一个出色的打牌者来说，要做到的是使自己不断变化，以适应外界的变化。

孙悟空在面对各种妖魔鬼怪的时候，很多时候都会用上一招——他的七十二变，以不同的变化来应对各种不同类型的妖怪。这种变化的道理对于我们每一个人来说也都适用。现在的社会瞬息万变，所以我们要顺势而变，顺时而变。不学会去变或没有能力去变，就绝不可能有生存的空间。不断改变自己，是这个时代的最大挑战。人一定要不断改变自己，你必须学习新技能，使自己更称职，并跟上快速发展的时代。

动物学家们在做青蛙与蜥蜴的比较实验时发现：青蛙在捕食时，四平八稳、目不斜视、呆若木鸡，直到有小虫子自动飞到它的嘴边，它才猛地伸出舌头，粘住飞虫吃下去。之后，它又开始那目不斜视的等待。显然，青蛙是在"等饭吃"。而蜥蜴则完全不同，它们整天奔忙在私人住宅区、老式办公楼、蓄水池边等地方，四处游荡搜寻猎物。一旦发现目标，它们就会狂奔猛追，直到吃到嘴里为止。吃完后，它们在略为休息后，就整装待发，又去"找饭吃"了。

我们不妨将青蛙与蜥蜴的捕食方法当作两种不同的处世风格。青蛙的捕食方法也会让它吃饱，但它对环境的依赖性过高，不能对随时变化的环境做出迅速的反应，池塘一旦干涸了，青蛙也就吃不到飞虫了。而蜥蜴的方法却很灵活，它们能够快速适应变化了的环境，即使这一片池塘干涸了，蜥蜴仍能够在此生存下去。

作为一个生活在快节奏社会中的现代人，你可以不去尝试新机会，你也可以不让自己受苦受累，你更可以不用掌握新技能，但你也会同时失去好运气、好身体和让人羡慕的生存能力。就像那坐地等食的青蛙，一旦池塘干涸了，就只能被淘汰。

曾有一位哲人说过："如果你不能阻止环境的变化，那么就改变自己，去适应它吧。"改变了自己，相当于为自己提供了更多的生存机会，为职场发展扫除了诸多障碍，为事业的成功增添了砝码。这就像在牌局中，很多变化的出现都可能是你始料不及的。如果你不想成为输家，你只有一条路可以走，那就是以己变应万变。

1930年初秋的一天清晨，一个日本青年从公园的长凳上爬了起来，徒步去上班，他因为拖欠房租已经在公园的长凳上睡了两个多月了。他是一家保险公司的推销员，虽然工作勤奋，但收入少得甚至租不起房子，每天还要看尽人们的脸色。

一天，年轻人来到一家寺庙向住持介绍投保的好处。老和尚很有耐心地听他把话讲完，然后平静地说："你的介绍丝毫引不起我投保的意愿。人与人之间，像这样相对而坐的时候，一定要具备一种强烈吸引对方的魅力，如果你做不到这一点，将来就不会有什么前途可言……"

从寺庙里出来，年轻人一路思索着老和尚的话，若有所悟。接下来，他组织了专门针对自己的"批评会"——请同事或客户吃饭，目的是请他们指出自己的缺点。

"你太急躁了，常常沉不住气……"

"你有些自以为是，往往听不进别人的意见……"

"你面对的是形形色色的人，要有丰富的知识，所以必须不断进修，以便能很快与客户找到共同的话题，拉近彼此之间的距离。"

……

年轻人把这些可贵的逆耳忠言一一记录下来。每一次"批评会"后，他都有被剥了一层皮的感觉。通过一次次的"批评会"，他把自己身上那一层又一层的劣根性一点点剥落。与此同时，他总结出了含义不同的39种笑容，并一一列出各种笑容要表达的心情与意义，然后再对着镜子反复练习。

年轻人开始像一条成长的蚕，随着时光的流逝悄悄地蜕变着。到了1939年，他的销售业绩荣膺全日本之最，并从1948年起，连续15年保持全日本销售量第一的好成绩。1968年，他成了美国百万圆桌会议的终身会员。

这个人就是被日本国民誉为"练出价值百万美元笑容的小个子"、美国著名作家奥格·曼狄诺称之为"世界上最伟大的推销员"的推销大师原一平。

"我们这一代最伟大的发现是：人类可以由改变自己而改变命运。"原一平用自己的行动印证了：有些时候，迫切应该改变的或许不是环境，而是我们自己。

人生如钓鱼，如果你固守在一个位置，用一套渔具、一个方法来钓，也许可以偶尔钓上来一只，但不会钓到大鱼，更不会有许多鱼上钩。

钓鱼的设备和方法要随着不同情况而有所改变。钓不同的鱼要用不同的鱼饵、不同长度的线；即使钓同一种鱼，依季节的变化，方法也不相同。鱼不会听从人的安排而上钩，要想钓上它来，就必须改变自己，采取适应鱼的习性的方式。

　　世界上的很多事情不会完全按照我们的主观意志去发展变化。我们要获得成功，就得首先去认识事物的性质和特点，然后再根据实际情况来调整改变自己的思路和行为方式。这样，我们才能顺应事物的变化，走向成功。如果我们想当然地凭自己的想法去办事，就会像钓鱼不知道鱼的习性一样，注定会徒劳无功。

　　无论是个人还是企业，都必须随着客观情况的变化而不断地调整自己，不断地采取与之相适应的方法，做到以己变应万变，才能够在职场上立足，在社会上立足！

苹果里有一颗"星星"

　　一个总是用惯性思维打牌的人最多只是保证不会输牌，而一个善于运用创新思维打牌的人，因为对手猜不透他的打法，所以在打牌时，他更容易获胜。

　　如果我们总是用一成不变的思维去想问题、办事情，那么迟早要被淘汰。对于企业来讲，面对日益激烈的竞争，如果缺少新的思维和方法，就永远跟不上时代的发展，跟不上市场的发展。缺少创新的企业就像一潭死水，毫无生机和希望。

　　创新的源泉，实质上就是突破思维定式，向新的方向多走一步。就像切苹果一样，如果不换种切法，你就永远不可能看到苹果里面美丽的"星星"。切苹果一般总是以果蒂和果柄为点竖着落刀，一分为二。

如果把它横放在桌上，然后拦腰切开，就会发现苹果里有一个颇似"星星"的五角形图案。吃了多年苹果，我们竟从来没有发现苹果里面的"星星"，而仅仅换一种切法，就发现了这一鲜为人知的"秘密"。

换一个思路处理问题，可能会看到完全不同的景象。也许正是一个不经意的角度转换，会让你在不经意间解决问题。毕加索说："每个孩子都是艺术家，问题在于你长大成人之后是否能够继续保持艺术家的灵性。"这就像一个人总是用惯性思维打牌一样，他的老对手早已摸清了他的招数，如果他不做改变，最终的结果只能是输牌而已。

有个摄影师，每次拍的集体照都有闭眼的。拍照时闭眼的人看见照片非常生气："我90%以上的时间都睁着眼，你为什么偏给我照一幅没精打采的照片？这不是故意歪曲我的形象吗？"就拍照而言，形象是头等大事。为了不再出现这种情况，于是摄影师拍照时就喊："一,二,三！"但有些人坚持了半天以后，恰巧在喊到"三"时坚持不住了，于是上眼皮找下眼皮，又做闭目状，真难办。后来，摄影师换了一种思路，从而解决了这一难题。他请所有照相者全闭上眼，听他的口令，同样是喊"一,二,三"，但让照相者在听到"三"时一起睁眼。果然，照片冲洗出来一看，一个闭眼的也没有，全都显得神采奕奕，比本人平时更精神，众人见了都非常高兴。

当遭遇困境时，一个思路行不通，就要果断地换另一种思路，只有这样，新的创意才会自然而然地产生出来，化解困境的方法也才会随之出炉。

在一次培训课上，企业界的精英们正襟危坐，等着听管理教授关于企业运营的报告。

只见教授拿出一只开口很小的瓶子和一只气球，然后指着气球对大家说："谁能告诉我怎样把这只气球装到瓶子里去？但不能让气球爆炸。"众人试了很多方法，都不能如愿。后来只见教授拿起气球，三下两下便解开气球嘴上的绳子，之后将瘪了的气球塞到瓶子里，只留下吹气的口儿在外面，然后用力吹气。很快，气球鼓起来，胀满在瓶子里，教授再用绳子把气球的嘴给扎紧。"瞧，我改变了一下方法，问题迎刃而解了。"教授露出了满意的笑容。

教授又开始做第二个游戏：让一个人拿着瓶子做5个动作，不能重复。开始的时候，这个人很容易地就做出了5个动作，但当教授第六次说出"请再做5个"时，男子突然大吼一声："不，我宁愿摔了这瓶子，也不要再让它折磨我的神经了。"精英们笑了，教授也笑了，他面向大家，说道："你们看到了，变有多难，连续不断地变几乎使这位亲爱的先生发疯了。可你们比我还清楚在商战中变有多重要。我知道那时你们就是发疯也要选择变，因为不变比发疯还要糟糕，那意味着死亡。"

片刻之后，教授又开始问第三个问题：他从包里拿出一只新瓶子放到台上，指着那只装着气球的瓶子说："谁能把它放到这只新瓶子里去？"精英们看到这只新瓶子并没有原来那个瓶子大，直接装进去是根本不可能的。这时，一个高个子的中年男人走过去，拿起瓶子用力向地上掷去，瓶子碎了，中年人拾起一块块残片装入新瓶子。教授点头表示称许，而精英们对中年人采取的办法也没有感到意外。

这时，教授说："先生们、女士们，这个问题很简单，只要改变瓶子的状态就能完成，我想你们大家都想到了这个答案。实际上，我要告诉你们的是：一项改变最大的极限是什么。瞧！"教授举起手中的瓶子，接着说："就是这样，最大的极限是完全改变旧有状态，彻底打碎它，而彻底的改变需要很大的决心，如果有一点点留恋，就不能够真的打碎。你们知道，打碎了它就是毁了它，再没有什么力量能把它恢复得和从前一模一样。所以，当你下决心要打碎某个事物时，你应当再一次问自己：我是不是真的不会后悔？"

一个人或者一个企业的改变都是具有难度的，因为要创新，就要完全抛弃以前的样子，这种改变会让人觉得不适应。但是，假若一个人受到习惯思维的影响，就不能从困境中突围，更不能使自己或者企业向更高的层次发展。所以，无论对企业还是个人来讲，都需要不断地进行创新，为企业或者个人输入新的血液，让它永葆生机！

用思路"买断"未来

当牌局陷入僵局时，不要一味地坚持，而要变换思路，改变陈旧的观念，打破局势的牢笼，才可能出奇制胜！

人云亦云、随波逐流往往是我们生活中的陷阱，如果总是别人做什么你也做什么，那你肯定无法取得任何突破。为何不反过来想一下"大家不做什么""大家还没有做什么"呢？这样，在他人忽略的特殊领域，我们可能会挖掘出新的东西。所以，要想提高生活品质，首先要学会改变思路，不改变思路，就根本不可能找到成功的路径。我们每一个人都要试着用自己的思路来"买断"自己的未来！

我们可能无法改变生活中的一些东西，但是我们可以改变自己的思路。有时，只要我们放弃了盲目的执着，选择了理智的改变，就可以化腐朽为神奇。大凡高效能的成功人士，踏上成功之途总是从改变思路开始的。

打牌的时候，往往最能赢牌的关键时刻很多人都看不到，只有那些有思路、有想法的人才能抓住它们。成功往往就隐藏在别人没注意到的地方，假如你能发现它、抓住它、利用它，你就有机会获得成功。困境在善于拓展思路的智者眼中往往意味着一个潜在的机遇。换一个思路处理问题，可能会看到完全不同的景象。也许一个不经意的角度转换，就会让你在不经意间解决了问题。

在将近15年里，GE公司前CEO杰克·韦尔奇一直不断地强调GE产品在每一个市场上占据"数一数二"位置的必要性。有一次，GE的员工却告诉他，他的基本理念阻碍了GE的进步。他们认为，GE需要对现行产品市场全部重新定义，从而使得没有一家下属公司的市场份额超过10%，这将迫使每一个人以全新的态度看待他们的企业。韦尔奇告诉这些员工："我喜欢你们的想法！"

在两周后的高级管理年度会议上，韦尔奇要求每一个公司都要重新定义他们的市场范围。1981年，GE自己给出的"市场定义范围"是1150亿美元；重新思考后，GE给出的"市场定义范围"是1万亿美元。例如，电力系统公司过去把它的业务主要看作是供应备用设备以及利用GE的技术进行修理，它在价值27亿美元的市场中占据了63%的份额。重新定义市场后，它把整个的发电厂维修都包括进来，那么电力系统公司在170亿美元的市场中只占据了10%的份额。如果继续把市场定义的范围扩大，把燃料、动力、存货、资产管理以及金融服务都包括进来，那么，市场的潜在价值就有1700亿美元之巨，GE在其中拥有的份额仅仅是1%～5%。

重新定义市场的行动打开了公司的眼界，点燃了人们的雄心。在此后的5年中，GE的主营业务增长速度翻了一番，尽管业务种类没有增加，但都注入了新的活力。公司的营业收入从1995年的700亿美元增长到了2000年的1300亿美元，营业利润率从1992年的11.5%增长到了2000年创纪录的18.9%。

也正是因为改变了自己的观念，GE公司才能够将它的业务量翻倍，创下了纪录。一个企业的成功需要在不断的尝试中不断地改变，当无法改变外界环境时，只有改变企业自身，才可能在困境中不断地超越，不断地完善。

当遇到挫折时，人们可能会这样鼓励自己："坚持到底就是胜利。"有时候，这会陷入一种误区：一意孤行，一头撞向南墙。因此，当你的努力迟迟得不到预期的业绩时，就要学会放弃，改变一下思路。适时地放弃不也是人生的一种大智慧吗？

改变思路，这是一种智慧。工作有时就像打井，如果在一个地方总打不出水来，你是一味地坚持继续打下去，还是考虑到可能是打井的位置不对，从而及时调整方案去寻找一个更容易出水的地方打井？

"横看成岭侧成峰，远近高低各不同。"在浩渺无际的思维空间里，如果能从不同角度，用不同的视角观察和思考问题，就能从"山重水复"的迷境中走出来，欣赏到"柳暗花明"的美景。

没有什么东西是永远静止不前的，世易时移，我们的思路也要跟着改变，才能赶上时代的潮流。当人生的牌局陷入僵局时，变换一下思路，你就有可能打破僵局，克敌制胜！

不冒险：是"馅饼"还是"陷阱"

> 面对赢牌的关键时刻，如果觉得太危险而放弃这次机会，很可能也就永远失去了赢牌的机会，所以说，打牌时应该有冒险的精神。

有些时候，我们遇到问题时，总是怕冒险之后的损失，怕自己失去得更多，所以会选择一个很保守的做法，就是保持现状、不冒险，因为这样至少可以保证不损失。实际上，不冒险真的就保险吗？不冒险是"馅饼"还是"陷阱"？

利奥·巴斯卡利亚说："希望就有失望的危险，尝试也有失败的可能。但是不尝试如何能有收获？不尝试怎么能有进步？不做也许可以免于受挫折，但也失去了学习的机会。一个把自己限于牢笼中的人，是生活的奴隶，无异于丧失了生活的自由。只有勇于尝试的人，才拥有生活的自由，才能攻克人生难关。"

这正是他本人生活的总结。小时候，人们常常告诫他，一旦选错行，梦想就不会成真，并告诉他，他永远不可能上大学，劝他把眼光放在比较实际的目标上。但是，他没有放弃自己的梦想，后来不但上了大学，还拿到了博士学位。当他决定抛弃已有的一份好工作去环游世界时，人们说他最终会为此后悔，并且拿不到终身教职，但是，他还是上了路。结果，他回来后不但找到了一份更好的工作，还拿到了终身教职。当他在南加州大学开办"爱的课程"时，人们警告他，他会被当作疯子。但是，他觉得这门课很重要，还是开了。结果，这门课改变了他的一生。他不但在大学中教"爱的课程"，还到广播、电视中举办爱的讲座，受到美国公众的欢迎，成为家喻户晓的爱的使者。

他说："做每件值得做的事都是一次冒险。怕输就错失了游戏的意义。冒险当然有带来痛苦的可能，可是不去冒险的空虚感更让人痛苦。"

事实上，无论我们选择试还是不试，时间总会过去。不试，什么也没有；试，虽然有风险，但总比空虚度过丰富，总会有收获。所以说，不冒险才是真正的"陷阱"，而只有冒险才可能带来"馅饼"。

J.保罗·格蒂是石油界的亿万富翁，一位最走运的人。在早期，他走的是一条曲折的路。他上学的时候认为自己应该当一名作家，后来又决定要从事外交工作。可是，出了校门之后，他发现自己被俄克拉荷马州迅猛发展的石油业所吸引，那时他的父亲也是在这方面发财致富的。搞石油业偏离了他的主攻方向，但是他觉得，他不得不把自己的外交生涯延缓一年。他想试试自己的运气。

格蒂通过在其他开井人的钻塔周围工作筹集了钱，有时也偶尔从父亲那里借些钱（他的父亲严守禁止溺爱的原则，他可以借给儿子钱，但送给他的则只是价值不大的礼物）。年轻的格蒂是有勇气的，但不是鲁莽的。如果一次失败就足以造成难以弥补的经济损失的话，这种冒险的事他不会去干。他头几次冒险都彻底失败了。但是在1916年，他碰上了第一口高产油井，这个油井为他打下了幸运的基础，那时他才23岁。

格蒂走运吗？当然。然而格蒂的走运是应得的，他做的每一件事都没有错。那么格蒂怎么知道这口井会产油呢？他确实不知道，尽管他已经收集他所能得到的所有资料。"总是存在着一种机会的成分的，"他说，"你必须乐意接受这种成分，如果你一定要求有肯定的回答，那你就会捆住自己的手脚。"

廉·丹佛说："冒险意味着充分地生活。一旦你明白它将带给你多么大的幸福和快乐，你就会愿意开始这次旅行。"

我们可能有自己当老板的梦想，但也难免会这样问自己：如果失败了，最坏的事情是什么呢？我们想到了倾家荡产。然后我们继续问自己：倾家荡产后最坏的事情是什么？答案是不得不干任何自己能得到的工作。之后，最坏的事情可能是我们又厌恶这种工作，因为我们不喜欢受雇于别人。但是如果我们接着往下想，到此时，我们可能会再找一条路子去经营自己的生意，而这一次，有了上一次失败的教训，就懂得了如何避免失败，就会成功。这样想过之后，我们才可能采取行动，去经营自己的生意，并且可能获得成功。其实，我们的生活不是试跑，也不是正式比赛前的准备运动，生活就是生活，不要让时间因为你的不负责任而白白流逝。所有的岁月最终都会过去的，只有做出正确的选择，才能在经历过无数的岁月之后面带微笑。艰苦的选择，如同艰苦的实践一样，会使你全力以赴，会使你有力量。躲避和随波逐流是很有诱惑力的，但是有一天回首往事，你可能会意识到：随波逐流也是一种选择——但绝不是最好的一种。

世界的改变、生意的成功，常常属于那些敢于抓住时机、适度冒险的人。有些人很聪明，对不测因素和风险看得太清楚了，不敢冒一点险，结果聪明反被聪明误，永远只能"糊口"而已。实际上，如果能从风险的转化和准备上进行谋划，则风险并不可怕，相反，适度的冒险也许能为你带来财富和幸运。一个企业在发展的过程中更需要一些冒险的精神，才可能真的有大的发展。在面对金融危机的时候，冒险也可以使企业经得住考验，变得更大、更强；而相反，另外一些企业在危机中可能会因保守而灭亡。

冒险不是成功路上的"陷阱"，不冒险也不是"馅饼"，只有适当的冒险才会成功。

寻找"加油站"

> 一个善于改善牌技的打牌者，总会在每一次局势的变化中吸取经验教训，学习变化过程中的应对技巧，不断地积累，这样才能在今后的牌局中有更好的发挥。

如果我们将车开到荒郊野外，这个地方对于我们来说是一无所知的，我们首先要做的是找到加油站，这样才能保证我们的车能够顺利行驶，否则走出这片陌生的地方将会是遥遥无期的。其实，我们的人生牌局也一样，每个人在新的牌局之下，都会遇到新的问题，这时我们首先应该做的是什么呢？学习。在牌局的变化过程中不断地为自己"加油"，这样才能保证我们顺利地走过一个个的难关。

在知识经济时代，学习的内涵已经发生了很大的变化，学习已经没有时间的分隔、人员的界定和学习场所的限制。在这个变化的环境中，只有对工作负责，每天都有所改变、有所进步的人，才能够成为一个卓越的职员，才能抓住机遇，顺势而上。

布留索夫说过这样一句名言："如果可能，那就走在时代的前面，如果不可能，也绝不要落在时代的后面。"这是一个知识经济的时代，一个人要想改变自己的思考方法，就要善于在工作中捕捉知识，掌握更新的工作技巧，构建更加科学的知识结构。这样才能够不断地充实自己、完善自己，适应工作和时代的要求。

有个伐木工人在一家木材厂找到了工作，报酬不错，工作条件也好，他很珍惜，下决心要好好干。第一天，老板给了他一把利斧，并给他划定了伐木范围。这一天，工人砍了18棵树。老板说："不错，就这么干！"

工人很受鼓舞。第二天,他干得更加起劲,但是他只砍了15棵树。第三天,他加倍努力,可是只砍了10棵树。工人觉得很惭愧,跑到老板那儿道歉,说自己也不知道怎么了,好像力气越来越小了。

老板问他:"你上一次磨斧子是什么时候?"

"磨斧子?"工人诧异地说:"我天天忙着砍树,哪里有工夫磨斧子!"

在现今的企业环境里,没有打不破的铁饭碗。你的工作在今天可能不可或缺,可是这并不意味着明天这个职位仍然有存在的必要。无论是就业者还是求职者,除了努力工作外,都应把一部分精力放在自己的再学习上。只有经常地"磨斧子","斧子"才能更加锋利,才能更好地"披荆斩棘"。

如果每个人都能有下面例子中的米勒·佩利的学习意识,就会做得像米勒一样好,甚至可能会比他更优秀。也只有这样,才能在瞬息万变的职场中立于不败之地。

米勒·佩利生活在一个工薪阶层的家庭中,因为兄弟姐妹比较多,他刚刚高中毕业就不得不放弃上大学的机会,到一家百货公司去打工,每周只能赚3美元。但是,他不甘心就这样下去,于是他每天都在工作中不断学习,想办法充实自己,努力改变工作的境况。

经过几个星期的观察后,他注意到主管每次总要认真检查那些进口商品的账单。由于那些账单用的都是法文和德文,他便开始在每天上班的过程中仔细研究那些账单,并努力学习法文和德文。

有一天,他看到主管十分疲惫和厌倦,就主动要求帮助主管检查。由于他干得非常出色,以后的账单就由他接手了。过了两个月,他被叫到一间办公室里接受一个部门经理的面试。他感到很奇怪,因为自己目前的职位是部门中最低的,而且加入公司的时间也不长。经理对他说:"我在这个行业里干了40年,根据我的观察,你是唯一一个每天都在要求自己进步,并不断在工作中改变自己,以适应工作要求的人。从这个公司成立开始,我一直在从事外贸这项工作,也一直想物色一个像你这样的助手,因为这项工作涉及的面太广，工作比较繁杂，对工作的适应能力的要求特别高。我们选择了你，认为你是一个十分合适的人选，我们相信这一选择没有错。"尽管米勒·佩利对这项业务一窍不通，但是，凭着对工作不断钻研、学习的精神，他的能力不断地提高。半年后，他已经完全胜任这项工作了。一年后，他接替了经理的工作，成了这个部门的经理。

有一句美国谚语说："通往失败的路上，处处都是错失的机会。坐待幸运从前门进来的人，往往忽略了从后门进入的机会。"

人生如牌局，一个善于改善牌技的打牌者，这次败了，他会吸取经验教训。通过这样不断地积累，他才能在今后的牌局中成为赢家。

只为成功找方法

> 遇到牌局中的困境，聪明的人会努力地寻求突破困境的方法，不断地改变、调整，而只有傻瓜才会不断地找借口，抱怨不休。

那些在困难来临时推诿、抱怨的人难免显得"很天真"，这是一种极不成熟的做法。那些优秀的人则是努力寻找方法，寻求新的突破，这样才会比别人达到更高的层次。所以，要想成为一个优秀的人，必须将抱怨、推诿的想法抛弃掉。

一个人在工作中不可能总是一帆风顺、事事遂心，他难免会遭受挫折，甚至是失败。一些人心理素质较差，意志力薄弱，经不起一点点的失败，在工作时一遇到挫折，就会渐渐对自己失去信心。相比之下，那些优秀的人富有开拓和进取精神，他们会想尽一切办法克服困难，条件再艰辛，他们也会创造条件；希望再渺茫，他们也能找出许多方法去解决。

　　一家天线公司的总裁来到营销部，询问员工们针对天线的营销工作的想法。大部分人认为是因为自己公司的天线没有知名度，所以销量才一直上不去。而一个刚进公司不久的青年直言不讳地说："我们公司的老牌天线今不如昔，原因颇多，但归结起来或许就是我们的售销定位和市场策略不对。"

　　营销部经理对年轻人的言语很不满："你这是书生意气，只会纸上谈兵，尽讲些空道理。现在全国都在普及有线电视，天线的滞销是大环境造成的。你以为你真能把冰推销给因纽特人？公司在甘肃那边还有5000套的库存，如果你有本事推销出去，我的位置让给你坐。"

　　之后的几天，这位年轻人跑了好多家大厦推销他们厂的天线，但都是因为他们的天线没名气，购买的顾客很少，所以一一被拒绝。正当年轻人沮丧之际，某报上的一则读者来信引起了年轻人的关注，信上说那儿的一个农场由于地理位置关系，买的彩电都成了聋子的耳朵——摆设。

　　看到这则消息，年轻人如获至宝，他打听到这个农场的具体位置，当即带上十来套样品天线直奔那里。而据当地人介绍：这个农场夏季雷电较多，常有彩电被雷电击毁。而问题就出在天线上，厂家也总是敷衍了事，没弄清楚就走了，使得这里的几百户人家再也不敢安装天线了，所以才出现了报纸上报道的情形。

　　了解情况后，年轻人拆了几套被雷击的天线，利用在学校里所学的知识，加上所携带的仪器的配合，终于弄清楚了原因：天线放大器的集成电路板上少装了一个电感应元件。这种元件一般在任何型号的天线上都是不需要的，它本身对信号放大不起任何作用，厂家在设计时根本就不会考虑雷电多发地区。但是没有这个元件就等于使天线成了一个引雷装置，它可以直接将雷电引向电视机，导致线毁机亡。

　　找到了问题的症结，一切都迎刃而解了。不久，年轻人将从商厦拉回的天线放大器全部加装了感应元件，并将此天线先送给场长试用了半个多月。期间曾经雷电交加，但场长的电视机却安然无恙。之后，由于效果好，仅这个农场就订了500多套天线。同时，热心的场长还把年轻人的天线推荐给存在同样问题的附近 5 个农林场，又为他销出去 2000 多套天线。

短短半个月，一些商场的老总主动向年轻人要货，连一些偏远县市的商场采购员也闻风而动，原先库存的 5000 余套天线当即告急。一个月后，年轻人筋疲力尽地返回公司。营销部经理也主动辞职，公司正式任命年轻人为新的营销部经理。

年轻人用实际行动证明了"把冰推销给因纽特人"并不是神话，只要你去积极地找方法，方法得当，就不会有无法克服的困难。

当遇到牌局中的困境时，聪明人知道，找借口、抱怨都不会起到任何作用，只有努力地寻找走出困境的方法，才能渡过难关。

很多时候，有些人因为遇到一点困难就愁眉不展，觉得这种问题无法解决，而事实上不是没有方法，而是他们不去积极地寻找方法。当初有谁能想到人可以和小鸟一样在天空中飞翔，有谁会想到人能和鱼儿一样在海里遨游，又有谁会想到人可以从地球跨越到另一个星球上呢？但是这些都一一实现了。因为人们有着强烈的愿望去改变，去实现这种可能性，所以不论要经过多少艰难险阻，只要怀着一颗梦想之心，努力去创造，就可以成功。

在人生中，在职场上，当我们面临一个个困难的时候，不要怕，一个一个地解决，慢慢找，仔细地找，总会找到成功的方法的。

第八章

一生成功的秘密在于顺利走出困境

突破苦难的围城

> 上帝是个公平的发牌人，给你一张好牌，也会搭配很多张坏牌；让你成为天才，也会搭配几倍于普通者的苦难。牌局中真正的赢家则往往是一个能够将坏牌、好牌互相搭配、最精彩打出、最终能顺利走出劣势牌局的人。

人们不禁问：是苦难成就了天才，还是天才特别热爱苦难？这个问题一时难以说清。但人们知道：弥尔顿、贝多芬和帕格尼尼是世界文艺史上的三大怪杰，一个是瞎子，一个是聋子，一个是哑巴！或许这正是上帝用他的搭配论摁着计算器早已计算搭配好了的。

是的，上帝是公平的发牌人，他发到每个人手中的牌都有好有坏。如果你抱怨上帝没给你漂亮的外表，你就应该庆幸他赐予了你健康的体格；如果你抱怨上帝没有给你显赫的地位，你就应该庆幸你拥有和美的家庭和平静的幸福。其实，只要你愿意，你就会发现你拥有多么可观的财富，只要精心操作你的牌局，不管你手中的牌有多糟，你都有赢的可能。

1967 年夏天，美国跳水运动员乔妮·埃里克森在一次跳水事故中身负重伤，除脖子之外，全身瘫痪。乔妮躺在病床上哭了。她怎么也摆脱不了那场噩梦，为什么跳板会滑？为什么她恰好会在那时跳下？不论家里人怎样劝慰她，亲戚朋友们如何安慰她，她总认为命运对她不公。出院后，她叫家人把她推到跳水池旁。她注视着那蓝蓝的水波，仰望那高高的跳台。她再也不能站立在那洁白的跳板上了，那蓝莹莹的水面再也不会溅起朵朵美丽的水花拥抱她了，她又掩面哭了起来。她结束了自己的跳水生涯，离开了那条通向跳水冠军领奖台的路。经过了一段痛苦的时间后，她开始冷静地思索人生的意义和生命的价值。

她借来许多介绍前人如何成才的书籍，一本一本认真地读了起来。她虽然双目健全，但读书是很艰难，只能靠嘴里衔根小竹片去翻书，劳累、伤痛常常迫使她停下来，但休息片刻后，她又坚持读下去。通过大量的阅读，她终于领悟到：我残疾已是不可改变的事实，但许多人残疾后，却在另外一条道路上获得了成功，他们有的成了作家，有的创造了盲文，有的创造出美妙的音乐，我为什么不能呢？她想到了自己中学时代曾喜欢画画。她想：我为什么不能在画画上有所成就呢？这位纤弱的姑娘变得坚强自信起来。她捡起了中学时代曾经用过的画笔，用嘴衔着，开始练习。这是一个多么艰辛的过程啊。用嘴画画，她的家人连听也未曾听说过。他们怕她不成功而伤心，纷纷劝阻她："乔妮，别那么死心眼了，哪有用嘴画画的，我们会养活你的。"可是他们的话反而激起了她学画的决心，"我怎么能让家人一辈子养活我呢？"她更加刻苦了，常常累得头晕目眩，汗水把双眼浸得生疼，甚至有时委屈的泪水把画纸也打湿了。为了积累素材，她还常常乘车外出，拜访艺术大师。好多年过去了，她的辛勤劳动没有白费，她的一幅风景油画在一次画展上展出后，得到了美术界的好评。

不知为什么，乔妮又想到要学文学。她的家人及朋友们又劝她："乔妮，你的绘画已经很不错了，还学什么文学，那会更苦了你自己的。"她是那么倔强、自信，她没有说话，她想起一家刊物曾向她约稿，要她谈谈自己学绘画的经历和感受，她用了很大力气，可稿子还是没有写成。这件事对她刺激太大了，她深感自己写作水平差，必须一步一个脚印地去学习。这虽然是一条满是荆棘的路，可是她仿佛看到了艺术的桂冠在前面熠熠闪光，等待她去摘取。是的，这是一个很美的梦，乔妮要圆这个梦。经过许多艰辛的岁月，这个美丽的梦终于成了现实。1976年，她的自传《乔妮》出版了，轰动了文坛，她收到了数以万计的热情洋溢的信。又两年过去了，她的书《再前进一步》也问世了，该书以作者的亲身经历，告诉残疾人应该怎样战胜病痛，立志成才。后来，她的故事被搬上了银幕，影片的主角就是她亲自扮演的，她成了青年们的偶像，成了千千万万个青年自强不息、奋进不止的榜样。

是上帝偏爱乔妮吗？显然没有。他给了乔妮跳水的天分，同时也给了她一份苦难。其实和乔妮一样，上帝给予我们每个人的牌有好也有坏，他从不偏袒任何人。因此无论得到的是好牌还是坏牌，你都不要抱怨。因为如果你有一副好牌，上帝会同时给你一定量的坏牌；如果你手握一副坏牌，上帝也会给你一定量的好牌。上帝是公平的发牌人，关键是你怎么去打牌。

用失败打磨"刀枪不入"的"内功"

> 打牌就是一场淘汰赛。因为一次打牌失败就放弃打牌的人，永远不会有赢牌的机会；而那些在牌局中屡败屡战的人，才能真正经得住考验，成为最终的胜利者。

其实有很多人不是不能成功，而是不能坚持。每每苦累齐集心头，人们总想着算了吧，于是撒手不再继续了，但很可能成功在下一刻的坚持之后就会到来。坚持到最后一刻的人就是胜利者，因为这个人在不断的失败中练就了"刀枪不入"之"内功"，在多次失败的总结中不断向前。

在第二次世界大战后功成身退，生活立刻由绚烂归于平静的丘吉尔，有一回应邀在剑桥大学毕业典礼上致辞。经过主持人隆重但稍冗长的介绍之后，丘吉尔走上讲台，两手扶着讲台边缘，注视着观众大约沉默了2分钟，然后他就用他独特的嗓音开口说："永远，永远，永远不要放弃！"接着又是长长的沉默，然后他又一次强调："永远，永远，永远不要放弃！"最后他再度注视观众片刻后转身回座。

无疑这是历史上最短的一次演讲,也是丘吉尔最脍炙人口的一次演讲。但这些都不是重点,真正的重点是你愿意听取丘吉尔的忠告吗?时常听见有些人哀叹自己时运不济,无论做任何事都不能如愿。事实上,他们真正失败的原因在于,他们做任何一件事,只要一遇到挫折就放弃了。继续接手他们那份工作的人,却因自己不断地努力,反而获得圆满的成果。

永不言败和善于对失败进行总结是成功者的基本特征。在成功者的天地里,不存在任何"应急解决办法"或免费午餐,唯有高度集中精力和坚持不懈的品格才能克服通往成功之路的曲折和危机。

尤其在将愿望转变为财富的过程中,毅力更是一个不可缺少的因素。那些拥有大量财富的人通常被认为冷血或无情,这是一种误解。事实上,他们是具有坚强意志的人,他们在大多数人轻易放弃自己的目标时坚持了下来,所以他们比大多数人更接近最后一次失败之后的成功。

只有少数人能从经验中得知坚忍不拔精神的重要性。这些人承认失败只是一时的,他们依靠坚定的意志而使失败转化为成功。我们站在人生的轨道上,目睹了绝大多数人在失败中倒下去,而且永远没有再爬起来。对此我们只能总结说,一个人没有毅力,那他在任何行业中都不会取得成就。

在1990年第14届世界杯足球赛中,德国队过关斩将,金杯在马特乌斯、克林斯曼等每一位战将手中传递,那情景历历在目。可时隔4年,昨日英雄豪气已成明日黄花。固然足球运动有运气、有偶然,但最终决定胜负的还是技术、战术、意志和毅力等各方面的综合。

绿色球场,其实也就是人生战场的缩影,只是足球用它那特有的最激烈、最浓缩的方式,让人体悟角逐和生存的真谛,进而领悟我们自己的人生。每个球迷几乎都忘不了1994年德国队输给保加利亚队的那一情景,名将克林斯曼双手捧着球衣,衣衫捂住了半张脸。想着先前那驰骋球场时的飒爽英姿,每个人都为他霎时的惨烈而难过。我们的事业、我们的人生也是这样,在竞争社会里,我们当然不会忘记胜利,但是我们也不应该忘记失败,不应该蔑视失败。对一个为事业倾其能、尽其力的参与者来说,他们的失败推动了整个事业的前进,虽败犹荣。

只要不断地努力奋进，上天终会给他们一个圆满的答复。

亨利·福特说："失败能提供给你以更聪明的方式获取再次出发的机会。"其实，牛顿、爱迪生尚且有失败的时候，何况平凡的你我。从某种意义来说，人没有失败就没有成功；甚至可以这样说，人要是没有大失败，就没有大成功。成功的人经历的失败比你想象的还要多得多。他们之所以成功，就是因为以前积累了太多太多的失败，并且他们不怕失败，耐心而又细致地研究、总结了失败的原因，然后一步一步地把它们解决，才取得了胜利。

对许多伟人来说，他们更是输得起、经得住失败的英雄。如刘邦，他和项羽的战斗，几乎是屡战屡败，最惨的时候，连老婆都当了项羽的俘虏。但是他输得起，屡败屡战，最后终于在垓下，用了韩信的十面埋伏计，把项羽打败了。

失败并不可怕，我们对它要保持积极的心态，让自己时刻拥有足够的力量。而每个难题都有转机，任何问题都隐含着创造的可能，这些问题总能为某些人创造机会。一个人的困难可能就是另一个人的机会。不论失败了多少次，我们一定要昂起头，继续前行！如果将人生看作一场牌局，它就是一场淘汰赛，只有那些不怕失败并且屡败屡战的人，才能成为最后的胜者。

资源：绝境逢生的一剂特效药

> 当遇到牌局中的绝境时，千万不要以为此时结果已经定了。如果此时对手中的牌进行了很好的整合，重新排列，就很可能会在绝境中发现新的突破口。

我们的周围遍布着各种各样的资源，有自然资源，如风、水、电、森林、矿物等;有社会资源,如图书馆、体育馆、学校、商场、电影院等。我们每天都在用这些资源为我们的学习、工作、生活服务,而这些资源很可能让我们在绝境中逢生。

要想利用身边的资源有效地为人生服务,就需要对它们进行资源整合。资源整合,就是指将这些资源按照一定的组合方案进行配伍,使之发挥出单独元素或元素累加无法达到的效应。这里所讲的资源侧重于社会资源,而非自然资源。

将社会资源有效地组合,可以为我们的工作和生活提供很多的便利。比如家庭,家可以为我们提供衣食之需,父母的爱将一直陪伴我们成长。高兴了,将喜悦与家人分享;悲伤了,将委屈与家人诉说。家是我们最放松、最安全的地方,为我们的发展提供了源源不断的物质和精神资源。再比如同学、朋友、亲戚、老乡、同事、领导等等,实际上,这些人也都是我们应该加以利用的"可再生"的资源—人脉。人脉是一种社会资源,像其他资源一样,人们利用好它,它就会给人们带来相应的结果。如果善待人脉、善用人脉,它就会成为我们追求成功路上的助推剂,使你离目标更近一步。

美国20世纪60年代末期的一位心理学家曾经谈到,世界上任何两个人最多通过6个人就可以相识。也可以说,只要在关键时刻找到关键人,事情就成功了一半。

甲说:"最近想买一台笔记本电脑,可是我不太懂要买什么类型的,市面上种类又多,真不知从何下手。"于是乙说:"我有一个朋友在卖电脑,他自己对电脑也很熟悉,要不要我帮你介绍介绍? 也许可以给你一些建议。"甲回答:"那真是太好了! 这样我就不用担心买不到合适的笔记本电脑了。"大家一定都有以上类似的经验,会发现周围的朋友有些是同学或者同事,有些则是直接通过朋友的介绍而变成朋友。如此一来,认识的人越来越多,人际关系网也就越来越稠密了,因情感作用而相互帮忙、关心及支持的情况就会越来越多,这些都有助于解决生活上的难题。

我们的身边有很多资源,在我们陷入困境或需要帮助时,这些资源就会起作用。他们或为我们提供物质援助,或为我们提供精神支持,或充当我们的智囊团，他们的出现总能让我们有所收获。

如果充分地整合你所拥有的各种社会资源，就可以使你做事如鱼得水。就像大雁南飞一样，一年两次的南北迁徙，对大雁来说都是非常漫长、遥远的路程，任何一只大雁都不可能单独完成长达十几天的旅程，它们靠的是团队的紧密合作。大雁在飞行时总喜欢排成"一"字或"人"字，在这样的团队结构中，每只大雁扇动翅膀，都会为紧随其后的同伴创造有利的上升气流，这种团队合作使集体的飞行效率增加了70%。聪明的大雁们将团队内部的资源进行整合，从而产生了1+1＞2的倍增效果。

资源整合就意味着综合所有人的力量，发挥团队的整体威力，从而使整体大于各部分之和。这种观念源于一种自然现象：两块木头能承受的力量大于两个单块木头的承受力之和，两种药物并用的疗效也大于一种药物的疗效。其实也就是全体大于部分的总和，其本质就是创造性的合作，集思广益，集体创新，达到1+1＞2的效果。

如果一根宽10厘米、厚5厘米的横梁能承受273千克的重量，那么两根这样的横梁就应该能承受546千克的重量。但事实上，两根这样的横梁能承受820千克的重量。如果把它们钉在一起，就能承受2195千克的重量。3根横梁钉在一起能承受3816千克的重量。据统计，诺贝尔获奖项目中，因合作获奖的占2/3以上。在诺贝尔奖设立前25年，合作奖占41%，而现在则跃居80%。

合作能创造更大的价值。用团队中每一个成员都具有的独特的一面取长补短、互相合作所产生的合力，要远远大于两个成员之间力量的总和。而合作的本质就是整合所有合作者资源的总和，因此我们要高度重视资源整合的力量。美国著名领导力训练专家史蒂芬·柯维说："两个人之间，相互妥协是1+1=1。各自为政是1+1=2，统合综效是1+1=3。"

每个人的身边都有很多种资源，但并不是每个人都能充分利用这些资源。因为充分利用的含义并不只是发挥每一种资源的力量，而是要让创造价值的能量大于所有资源能量的总和，这才是整合的意义所在。

所以当遇到牌局中的绝境时，千万不要以为此时胜负已定，此时如果好好地整合手中的牌，相互配合好，各尽其用，发挥其最大的作用，就有可能扭转局面。

危机就是自己的"闹钟"

> 牌局中出现危机时，最忌慌乱地胡乱出牌，因为危机是成功与失败的分水岭，努力一把就是成功，懈怠一把就是失败。

当我们面临危机的时候，不要悲观地认为没有任何办法了，要知道，往往在危机发生的时候会存在着转机。只要自己不放弃，摆正心态，牢牢地把握，就能从危机中走出来，甚至获取更大的成功。其实危机就是成功与失败的分水岭，自己的"闹钟"，随时用来唤醒自己。

"山重水复疑无路，柳暗花明又一村"。一扇门关上，另一扇门就会打开。从某种意义上来说，这世界上没有死胡同，关键就看你如何去寻找出路。横切苹果，你就能够看到美丽的"星星"；当你在工作中遭遇困境的时候，学着换一种眼光看问题，相信你一定能够化逆境为顺境，化问题为机遇。

有着百年辉煌历史的爱立信与诺基亚、摩托罗拉并世称雄于世界移动通信业。但自 1998 年开始的 3 年里，当世界蜂窝电话业务高速增长时，爱立信的蜂窝电话市场份额却从 18% 迅速降至 5%，即使在中国市场，其份额也从 13% 左右迅速滑到了 2%。

1998 年，《广州青年报》从 8 月 21 日起连续 3 次报道了爱立信手机在中国市场上的质量和服务问题，引发了消费者以及知名人士对爱立信的大规模批评，而且爱立信的 768、788C 以及当时大做广告的 SH888 居然没有取得入网证就开始在中国大量销售。当时轻易不表态的电信管理部门的声明证实了此事，至此，爱立信手机存在的问题浮出了水面。但爱立信仍一如既往地采取掩耳盗铃的方式来解决问题。据一位记者透露，爱立信曾试图拿出几万元来封媒体的嘴；爱立信广州办事处主任还心虚嘴硬地狡辩：我们的手机没有问题。既然选择拒不认错，爱立信自然不会去解决问题，更不会切实地去做好服务工作。

2001 年，在中国手机市场上，许多消费者都在说爱立信如何如何不好。当时，它有一款 T28 的手机存在质量问题，这本来就是一种错误，但更大的错误是爱立信漠视这一错误。"我的爱立信手机坏了，送到爱立信的维修部门，问题很长时间都没有解决。最后，他们告诉我说主板坏了，要花 700 块钱换主板。而我在个体维修部那里，只花 25 元就解决了问题。"一位消费者确切地说出了爱立信存在的质量问题。那时几乎所有的媒体都注意到了 T28 的质量问题，似乎只有爱立信没有注意到。爱立信一再地辩解自己的手机没有质量问题，而是一些别有用心的人在背后捣鬼。然而市场不会给爱立信以"申冤"的机会，就无情地疏远了它。

质量和服务中的缺陷，使爱立信输掉了它从未想放弃的中国市场。在危机已经来临的时刻，爱立信仍全然不顾。如果说在开始出现问题的时候，爱立信能够有危机意识，能在危机中不断地改变自身，也不至于失掉市场。

在危机到来的时候，人要有危机意识，努力地改善自身，但也不能被危机吓倒而无所作为。

在一家家电公司的会议上，高层主管们正在为新推出的加湿器制订宣传方案。在现有的家电市场上，加湿器的品牌已经多如牛毛，而且每一个厂家都挖空了心思来推销自己的产品。怎样才能在如此激烈的竞争中将自己的加湿器成功地打入市场呢？所有的主管们都为此一筹莫展。这时一个新任主管说道："我们一定要局限在家电市场吗？"所有的人都愣住了，静听他的下文："有一次，我在家里看见妻子做美容时用的喷雾器，于是就想，我们的加湿器为什么不可以定位在美容产品上呢……"

他还没有说完，总裁就一跃而起，说道："好主意！我们的加湿器就这样来推销！"于是在他们新推出的广告理念中，加湿器就被宣传为冬季最好的保湿美容用品。他们的广告词是——加湿器：给皮肤喝点水。

新的加湿器一上市，就成功抢占了市场，这当然和他们新颖的创意宣传是分不开的。在家电市场竞争日益激烈的销售战中，新颖的创意使人们记住了他们的产品，而如果依然在家电圈子里打主意，效果就不大了。

重新为自己的产品定位，给自己的产品一个新的视角，该家电公司的这一全新理念，为自己赢来了一个新的市场。这样的创新，不仅使消费者耳目一新，重新认识了加湿器，也使他们避开了激烈的家电市场竞争，成功地推销了自己的产品。

塞翁失马，焉知非福。任何危机都蕴藏着新的机遇，这是一个颠扑不破的人生真理。遇到问题的时候，不要让困难禁锢你的思想，试着换一种思维去思考，放弃盲目的执着，你就可以化逆境为顺境，化问题为机遇，从而轻易地捕捉到成功的契机。

"脑筋急转弯"扭转牌局

> 在牌局中，有些人总是能赢牌，而赢牌的人看起来也没有三头六臂，他们只是在打牌时更愿意动脑筋，让每一张牌实现自身的价值。

在现实生活中，聪明人未必就是一个高效能的成功者，一个人的想法往往决定了他会向哪个方向走，他能走多远。在人生的牌局中，我们常常会遇到各种各样的困境，我们需要做的就是让自己来个"脑筋急转弯"，才能扭转牌局。

很多时候我们会遇到这样的情形：当你面对一个问题的时候，总是觉得这太难了，怎么也想不出解决的办法。当你着急想去做一件事的时候，总有许许多多的障碍横在你的眼前，让你难以跨越。当你想要做成一番大事业的时候，却发现手中的资源少得可怜，对我们有利的条件更是几乎没有，很难做大、做强。而此时的你已经遇到了发展的瓶颈，是急需突破的时候了。

1972年，新加坡旅游局给总理李光耀打了一份报告说："新加坡不像埃及有金字塔，不像中国有长城，不像日本有富士山，不像夏威夷有十几米高的海浪。我们除了有一年四季直射的阳光，什么名胜古迹都没有，要发展旅游事业，实在是巧妇难为无米之炊。"李光耀看过报告后，在报告上批下这么一行文字："你还想让上帝给我们多少东西？上帝给了我们最好的阳光，只要有阳光就够了！"

后来，新加坡利用一年四季直射的阳光，大量种植奇花异草、名树奇竹，在很短的时间内就发展成为世界上著名的"花园城市"，连续多年旅游业收入位列亚洲第二。

新加坡没有高山，没有海浪，没有长城，也没有金字塔，但是它拥有世界上最好的阳光，只要充分利用阳光就够了。这一突破性的思维方法成就了新加坡旅游业的辉煌。

美国著名地质学家华莱士在总结其一生成败经验的著作《找油的哲学》中这样写道："找油的方法就在人的大脑中。"他提出了一个著名的观点：人的大脑里蕴藏着丰富的宝藏，而思路是其中最珍贵的资源。

林达所在的这家叫哈罗的啤酒厂位于布鲁塞尔东郊，无论是厂房建筑还是车间生产设备都没有很特别的地方，但作为销售总监的林达却是轰动欧洲的策划人员，由他策划的啤酒文化节曾经在欧洲多个国家盛行。

当有人问林达是怎么做哈罗啤酒的销售时，他显得非常得意而自信。林达说，自己和哈罗啤酒的成长经历一样，是从默默无闻开始到轰动半个地球。

林达刚到这个厂时还是个不满25岁的小伙子，那时的哈罗啤酒厂正处于减产的境地，因为销售不景气而没有钱在电视或者报纸上做广告，啤酒厂进入恶性循环。做销售员的林达多次建议厂长到电视台做一次演讲或者广告，但都被厂长拒绝了。

林达决定冒险做一次自己"想要做的事情"，于是他贷款承包了厂里的销售工作。正当他为怎样去做一个最省钱的广告而发愁时，他徘徊到了布鲁塞尔市中心的于连广场。

这天正是感恩节，虽然已是深夜了，但广场上仍然还有很多人。广场中心撒尿的男孩铜像就是因挽救城市而闻名于世的小英雄于连，当然铜像撒出的"尿"是自来水。广场上一群调皮的孩子用自己喝空了的矿泉水瓶子去接铜像里"尿"出的自来水来泼洒对方，他们的调皮激发了林达的灵感。

第二天，路过广场的人们发现于连的"尿"变成了色泽金黄、泡沫泛起的哈罗啤酒。铜像旁边的大广告牌子上写着"哈罗啤酒免费品尝"的字样。

一传十，十传百，全市老百姓都从家里拿出瓶子、杯子，排着长队去接啤酒喝。电视台、报纸、广播电台争相报道，林达没掏一分钱就把哈罗啤酒的广告成功地做上了电视和报纸。该年度的啤酒销售量一下跃升了18倍。

林达成了闻名布鲁塞尔的销售专家，这就是他的经验：不走寻常路。

其实我们的人生可以一样的辉煌，就像打牌，赢牌的人其实手里拿的不一定是好牌，他们之所以能赢，只是因为他们愿意动脑筋开拓思路，用好每一张牌。而我们缺乏的正是这种思维，遇到事情脑筋不会转弯，更或者不愿意去转弯，所以我们一直平庸、默默无闻。开动你的脑筋，你可以获取更大的成功，可以让你的人生发生更大的改变。

射中扭转牌局的"靶子"

在打牌的时候，如果我们已经抓了一手坏牌，这时，千万不要以为大局已定，因为此时如果能够掌握扭转牌局的关键点，你也有赢牌的可能。

治病讲究"对症下药"，解决问题也是一样的道理，要找对关键点，射中扭转局面的"靶子"。当你在工作中遭遇难题，一筹莫展的时候，不妨让自己冷静下来，仔细分析一下问题，找到"症结"，对症下药，问题就可以顺利解决。

新加坡著名作家尤今有这样一次经历：当他还是一名记者时，一次，他托一位同事代买圆珠笔，并再三叮嘱他："不要黑色的，记住，我不喜欢黑色，因为它暗沉、肃杀。千万不要忘记呀，12支，全部不要黑色。"第二天，同事把12支笔交给他时，他差点昏过去：12支，全是黑色的。怨他、怪他，他却振振有词地反驳：你一再强调黑色的、黑色的，忙了一天，昏沉沉地走进商场时，脑子里印象最深的两个词就是："12支""黑色"，于是就一心一意地只找黑色的买了。

其实，只要言简意赅地说"请为我买12支蓝色的笔"，相信同事就不会买错了。从此以后，尤今无论说话、撰文，总是直入核心，直切要害，不再去兜无谓的圈子。

由此可见，无论是工作、学习还是处理生活问题，都要讲究方法。只有抓住关键问题，切中问题的要害，才能使我们的工作和学习事半功倍。

有一家核电厂在运营过程中遇到了严重的技术问题，导致了整个核电厂生产效率的降低。核电厂的工程师虽然尽了最大的努力，但还是没能找到问题所在。于是他们请来了一位全国顶尖的核电厂建设与工程技术顾问，看看他是否能够确定问题的所在。

顾问穿上工作服、带上检测工具就去工作了。在两天的时间里，他四处走动，在控制室里查看数百个仪表、仪器，记录笔记，并且进行计算。

临离开前，顾问从衣兜里掏出笔，爬上梯子，在其中一个仪表上画了一个大大的"×"。"这就是问题所在。"他说，"把连接这个仪表的设备修理、更换好，问题就解决了。"

顾问走后，工程师们把那个装置拆开，发现里面确实存在问题。故障排除后，电厂恢复了原来的发电能力。大约一周之后，电厂经理收到了顾问寄来的--张1万美元的"服务报酬"账单。电厂经理对账单上的数目感到十分吃惊。尽管这个设备价值数十亿美元，且由于机器的故障损失巨大，但是以电厂经理之见，顾问来到这里，只是在各处转了两天，然后在一个仪表上画了一个"×"就回去了，对于这么一项简单的工作收费1万美元似乎太高了。

于是，电厂经理给顾问回信说："我们已经收到了您的账单。能否请您将收费明细详细地逐项列出来？好像您所做的全部工作只是在一个仪表上画了一个'×'，1万美元相对于这个工作量似乎是比较高的价格。"

过了几天，电厂经理收到顾问寄来的一份新的清单，上面写道："在仪表上画'×'：1美元；查找在哪一个仪表上画'×'：9999美元。"

这个简单的故事向我们揭示了一个深刻的道理：一个人，如果想在生活中获得成功和幸福，一条最重要的规律就是必须知道其生活中每一个阶段的关键点，这是我们成就每一件事情的至关重要的决定因素。

从重点问题突破，是高效能人士思考的习惯之一。如果一个人没有重点地思考，抓不住事物的关键点，那么他做事的效率必然会十分低下；相反，如果他抓住了主要矛盾，那解决问题就变得容易多了。这就像打牌，即使我们已经抓了一手坏牌，如果你能抓住扭转局面的关键点，你就有可能反败为胜。

只有抓住问题的关键点，你才能制定出合理的策略，采取正确的方法，取得事半功倍的效果。有许多人不能有效地抓住问题的关键点，认为工作中的所有一切都应该倾注全部的时间和精力，他们在许多事情上不分主次、一概而论，结果付出了很大的代价，却只取得了十分有限的成就。

不做"无所谓"的人，要做"无所畏"的人

当拿到的是一手不怎么好的牌时，自暴自弃肯定会输牌。只有当你摆脱了牌势的限制，运用自己的勇气以及才智，努力发挥自己的牌技时，你才可能有获胜的希望。

人往往会受到外界环境的影响，或者受自己心灵的禁锢，而不能很好地发挥自己的才能。这时候，我们当中的一些人开始采取无所谓的态度，破罐子破摔，这种态度无疑会成为成功路上的绊脚石。

人应当摆脱重重的限制，努力地展现自己的才能，不做"无所谓"的人，要做"无所畏"的人。

有个长发公主叫雷凡莎，她头上长着很长很长的金发，长得很美丽。雷凡莎自幼便住在古堡的塔里，和她住在一起的老巫婆天天念叨雷凡莎长得很丑，她便信以为真，不敢出去见人，还将自己囚禁起来。

一天，一位年轻英俊的王子从塔下经过，被雷凡莎的美貌惊呆了，从这以后，他天天都要到塔下一饱眼福。雷凡莎从王子的眼睛里看到了自己的美丽，同时也从王子的眼睛发现了自己的自由和未来。有一天，她放下头上长长的金发，让王子攀着长发爬上塔顶，把她从塔里解救了出来。

其实囚禁雷凡莎的不是别人，正是她自己，那个老巫婆是她心里迷失自我的魔鬼。她听信了魔鬼的话，以为自己长得很丑，不愿见人，就把自己囚禁在塔里。

其实，人在很多时候不就像这位长发公主一样吗？人心很容易被

尘世中的种种烦恼和物欲所捆绑，那都是自己把自己关进去的。

有些人凡事都要考虑别人怎么想，别人的想法如何已深深套在他们的心头，从而束缚了自己的手脚，使自己停滞不前。他们在心中给自己套上了枷锁，他们独特的创意被自己抹杀，认为自己无法成功。

在人生的海洋中，我们犹如一条游动的鱼，本来可以自由自在地游动、寻找食物，欣赏海底世界的景致，享受生命的丰富多彩。但是，突然有一天，我们遇到了珊瑚礁，自己就不愿再动弹了，并且呐喊着说自己陷入绝境。

人的一生的确充满许多愧疚、许多迷惘、许多无奈，稍不留神，我们就会被外界的这些坎坷所困扰，因此裹足不前。一个真正坚强的人绝不会向命运屈服，他相信每件事情的来临一定都是上天特别的恩典，他不为失去的感到遗憾，而是从中去发现新的契机。

人生就如牌局，当拿到的是一手不怎么好的牌时，如果你抱定无所谓的态度，不去想办法扭转局面，那最后输牌的肯定是你。但如果你抱定无所畏的态度努力想办法，改善境遇，你就有可能胜利。

一家规模不大的建筑公司在为一栋新楼安装电线，他们要把电线穿过一根 10 米长、但直径只有 3 厘米的管道，而且管道是砌在砖石里，并且弯了 4 个弯。他们感到束手无策，显然，用常规方法很难完成任务。

一位爱动脑筋的装修工想出了一个非常新颖的主意。他到市场上买来两只白老鼠，一公一母。他把一根线绑在公鼠身上，并把它放在管道的一端，另一名工作人员则把那只母鼠放到管道的另一端，并轻轻地捏它，让它发出"吱吱"的叫声。公鼠听到母鼠的叫声，便沿着管道跑去寻找，它沿着管道跑，身后的那根线也被牵着跑，因此工人们很容易地就把那根线的一端和电线连在一起。就这样，穿电线的难题顺利得到解决。这位爱动脑筋的装修工后来因为善于创新得到上级嘉奖，并被委以重任。

社会变革的加快，加速了知识更新的步伐。在现代社会，人们的才能和精力都受时间的制约，如果人总是因为环境的束缚不能展现自己，错过了时机，知识就会贬值，精力就会衰退。如果一个人不能在自己的黄金时代抓住机会，大胆、主动地运用自己的聪明才智，而总是"藏而不露"，那就会贻误时机，等到有一天别人终于发现你时，也许你的知识和特长已经成为过时的东西。

现代竞争在很大程度上就是机会的竞争。机会是极为宝贵的，一旦遇到机会就应紧紧地抓住它。大画家徐悲鸿是一位伯乐，傅抱石的才能就是他发现的，但发现的缘由是因为傅抱石的自我推荐。假设傅抱石不趁徐悲鸿途经南昌的机会去拜访他，或因矜持、腼腆，见了大师不敢拿出自己的作品，说话吞吞吐吐、含含糊糊，又怎能得到徐悲鸿的赏识和帮助呢？只有实事求是、勇敢、充分地表现自己的胆识和才能，机会才会光顾你。

主动进取，充分显示自己的才能，这不是出风头，而是对自己的尊重和对社会的负责。有些真知灼见，你不宣传别人可能就不知晓；有些对社会进步具有促进作用的创新见解，你不宣传也就无法得到推广，这不仅是个人的损失，也是社会的损失。

一个人假如一直畏畏缩缩地躲在人后，而不是大胆地展现自我，那么他离成功就会有很大的距离。善于表现，努力地去施展自己的才能，做一个无所畏的人，才能创造辉煌的人生。一个人手上的牌再烂都可能赢，而一个不去表现自我的人手上有再好的牌也肯定会输。

困境中也有机遇

在牌局中虽然会遇到困境，但也会有困境逢生的机会，但是当这样的机会出现时，很多人却看不见机遇在哪儿，或者根本没有意识到机遇的降临。

对于问题和机遇的关系，国内一位知名的企业家曾有过一段精彩的论述："问题有时像一个油葫芦摆在你面前，你不碰它永远不会倒，你必须要去扳倒它，才能得到里面的油。这也应该是你面对问题时的态度。有了问题，你去解决，问题对你来说就是一种机遇。一旦问题得到了解决，你起码在解决这种问题中就获得了成功。"当在困境中遇到机遇的时候，要牢牢地抓住。

李嘉诚就是因为善于从问题中寻找机遇，才拥有了辉煌的一生。

1966年底，低迷了近两年的香港房地产业开始复苏。但就在此时，"要武力收复香港"的谣言四起，引发了香港市民的一次大移民。

移民者自然以有钱人居多，他们纷纷贱价抛售物业。这种情况致使新落成的楼宇无人问津，整个房地产市场卖多买少，有价无市。地产商、建筑商焦头烂额，一筹莫展。李嘉诚一直在关注、观察时势，经过深思熟虑，他毅然做出惊人之举：人弃我取，趁低吸纳。

李嘉诚在整个大势中逆流而行。从宏观上看，他坚信世间事乱极则治、否极泰来。就具体情况而言，他相信武力收复香港是不大可能的。他认为：当年保留香港，是考虑保留一条对外贸易的通道，现在的国际形势和香港的特殊地位并没有改变，因此，武力收复香港的可能性不大。正是基于这样的分析，李嘉诚做出"人弃我取，趁低吸纳"的历史性战略决策，并且将此看作是千载难逢的拓展良机。

于是在整个行市都在抛售的时候，李嘉诚不动声色地大量收购。李嘉诚将买下的旧房翻新出租，又利用地产低潮建筑费低廉的良机，在地盘上兴建物业。李嘉诚的行为需要卓越的胆识和气魄。不少朋友为他的"冒险"捏了一把汗，同业的地产商都在等着看他的笑话。

这场战后最大的地产危机一直延续到1969年。1970年，香港百业复兴，地产市场转旺。这时，李嘉诚已经聚积了大量的收租物业，从最初的1.1万平方米发展到3.3万平方米，每年的租金收入达390万港元。

李嘉诚成为这场地产大灾难的大赢家，并为他日后成为房地产巨头奠定了基础。

有人说李嘉诚是赌场豪客，孤注一掷，侥幸取胜。应该说，在这场夹杂着政治背景和人为因素的房地产大灾难中，前景难以绝对准确地预测，所以说李嘉诚的决策有十足的胜券在握是不现实的。

李嘉诚的行为带有一定的冒险性，说是赌博也未尝不可。但是，李嘉诚的冒险是建立在对形势的密切关注和精确分析之上。李嘉诚绝非投机家，他将整个地产业的灾难变成了自己的机遇。

机遇往往和问题连在一起，因此每个创业者都希望求取势能。但只有那些通过自身的努力，创造能增强自身能量的环境，谋得有利的发展资源，从问题中找到机遇的人，才能成就大业。这就像在牌局中，有的人紧紧抓住了出牌的好机会，有的人却让出好牌的机会白白地溜走。

在一个优秀人士的眼中，问题永远不是完成任务的"绊脚石"，而是机遇的"乔装者"。

无论所面对的问题难度有多大，优秀人士所做的，首先是坦然地接受问题，然后对这个问题做出冷静、清晰地分析，积极行动，让隐藏在问题背后的机遇浮出水面。因此每当问题到来，他们总会说："感谢上帝！又有巨大的机遇等着我去发现了。"而不是放下工作，只知逃避、退缩。

　　在生活中，我们经常会遇到形形色色的问题，这些问题也往往会带给我们很多创新的想法。如果我们能够针对这些问题，不断地提出自己的想法去解决它，或许这些问题就会变成一个个难得的机遇。

　　成功是每个人心中的花，我们都希望这朵花盛开的无比娇艳。但成功之前的路却很难走，只有那些在困境中不低头，抓住困境中存在的机遇努力把握的人，才能真正地让成功这朵花开得更鲜艳。

第九章

牌是死的，人是活的

输牌了，不要找借口

> 牌局上，有人输牌了，但是总会听到他不是抱怨自己的牌不好，就是抱怨自己的合作者不会出牌，导致最终的惨败。其实真正的原因在于他自己，只是他视而不见。

生活中总有这样的人，他们在失败之后给自己找出无数的借口，不愿意承认失败是因为自身的不足造成的，不愿意正视自己的错误。而这样的人注定会不断地摔跤，所以我们要学会不找借口，遇到困难的时候先从自己的身上找原因。

有这样一个故事：

有一只色彩斑斓的大蝴蝶常嘲笑对面的邻居——一只小灰蝶很懒惰。

"瞧，它的衣服真脏，永远也洗不干净，总是灰突突的，还有斑点。看看我，一身衣服多漂亮，不论我飞到哪儿，总是人们眼里的宠儿。在公园里，小孩们追着我，单身的男子说'希望将来的女朋友像我一样漂亮'，甚至有几只小蜜蜂追着我不放，以为我是一朵飘舞的美丽的鲜花呢。"大蝴蝶喋喋不休地向朋友们炫耀着自己的美丽，嘲笑着邻居小灰蝶的懒惰与丑陋。直到有一天，有个明察秋毫的朋友到它家，才发现对面的小蝴蝶并非懒惰，而是它本身的衣服就是灰色的，但大蝴蝶却始终坚持自己的观点。

这位朋友只好把大蝴蝶带到医院眼科检查，医生说："大蝴蝶的眼睛已高度近视了。"其他蝴蝶纷纷说："它应该好好反省一下，其实是自己出了问题。"

缺乏自省能力的人就像这只大蝴蝶一样无视自身的缺点，总认为别人出了问题，这种做法对自身的发展十分不利。而一个善于自省的人遇到问题往往会审视自己，从自己的身上找原因，而不是总把问题推到别人身上。

这就像在牌局上，有人输牌了，你就会听到他的各种借口，因为牌不好了、受周围环境影响了等等，反正他从不说是自己的原因造成了这个结果。这种人只有一种结局：不断输牌。

"失败后，要诚实地对待自己，这是最关键的。只有坦率地处理好为什么失败这个问题，才能使失败成为成功之母。"海厄特这样说。

失败者的借口是最可怜的。任何一个人在人生的道路上都会遇到挫折，从挫折中汲取教训，是迈向成功的踏脚石。真正的失败是犯了大错却未能及时从中汲取有用的经验教训。当我们观察成功人士时会发现，他们的背景都不相同，但他们都经历过艰难困苦的阶段。

世上的人可以分为3种："平凡"先生、"失败"先生和"成功"先生。把每一个"失败"先生拿来跟"平凡"先生以及"成功"先生相比，你会发现，他们各方面（包括年龄、能力、社会背景等）都很可能相似，只有一个例外，就是对遭遇挫折的反应不同。当"失败"先生跌倒时，就无法爬起来了，他只会躺在地上怨天尤人；"平凡"先生会跪在地上，准备伺机逃跑，以免再次受到打击；但是，"成功"先生的反应跟他们不同，他跌倒后，会立即反弹起来，同时会汲取这个宝贵的经验，继续往前冲刺。

拿破仑·希尔深知，成功就是一连串的奋斗，他曾经讲过一个故事：

我最要好的朋友是个非常有名的管理顾问。一走进他的办公室，你就会觉得他仿佛"高高在上"似的。

办公室内各种豪华的装饰、忙进忙出的员工以及知名的顾客名单都在告诉你，他的公司的确成就非凡。

但是就在这家鼎鼎有名的公司背后，藏着无数的辛酸血泪。他创业之初的头6个月就把10年的积蓄花得一干二净，一连几个月都以办公室为家，因为他付不起房租。他也婉拒过无数好的工作，因为他坚持要实现自己的理想。

就在整整7年的艰苦挣扎中，没有人听他说过一句怨言，他反而说："我还在学习啊。这种生意竞争很激烈，实在不好做。但不管怎样，我还是要继续下去。"他真的做到了，而且做得轰轰烈烈。

有一次有人问他："把你折磨得疲惫不堪了吧？"他却说："没有啊！我并不觉得那很辛苦，反而觉得得到了受用无穷的经验。"

那些功业彪炳千秋的伟人都受过一连串的无情打击，但他们都坚持到底，才终于获得辉煌成果。

拿破仑·希尔所讲的故事告诉我们，天下没有不劳而获的事情。如果能利用种种挫折与失败，来驱使你更上一层楼，那么你一定可以实现自己的理想。

出现了问题，原因很可能就出在我们自己身上。但在生活中，很多人失败之后怨天尤人，就是不在自己身上找原因。其实，一个人失败的原因是多方面的，只有从多方面入手，找出失败的原因并有针对性地进行自省，才能彻底纠正它。

所以无论我们的牌输得有多惨，千万不要给输牌找借口，而是要认真地反省自身的不足，在失败中总结经验教训，为下次赢牌打好基础。

坚定梦想，方能笑傲江湖

> 如果你不想再过贫穷的日子，就要有创富的梦想，并让梦想时时刻刻激励你，让你向着这一目标坚持不懈地前进。

人们都希望自己能够独领风骚，希望自己能够受人瞩目，这些想法都是非常正常的,因为几乎每个人都追求着卓越。但是有些人成功了,有些人却失败了。这是因为有人在遇到困难时退缩了,所以梦破灭了;而有的人却无论风雨有多大,仍一路兼程,他们因为心中有着坚定的梦想,所以最终获得了成功。

心态决定一个人的世界。只有渴望成功,不断地为之奋斗,你才能有成功的机会。《庄子》开篇的文章是"小大之辩"。说北方有一个大海,海中有一条叫作鲲的大鱼,宽几千里,没有人知道它有多长。鲲化成鸟后叫作鹏,它的背像泰山,翅膀像天边的云,飞起来时,可以乘风直上九万里的高空,鹏努力想飞往南海。蝉和斑鸠讥笑说:"我们愿意飞的时候就飞,碰到松树、檀树就停在上边;有时力气不够,飞不到树上,就落在地上,何必要高飞九万里,又何必飞到那遥远的南海呢?"

那些心中有着远大理想的人常常不能为常人所理解,就像目光短浅的蝉和斑鸠无法理解大鹏鸟的鸿鹄之志,更无法想象大鹏鸟靠什么飞往遥远的南海一样。因而像大鹏鸟这样的人必定要比常人忍受更多的艰难曲折,忍受心灵上的寂寞与孤独;因而他们必须要坚强,并把这种坚强潜移到他的远大志向中去,铸成坚强的信念。这些信念熔铸而成的理想将带给像大鹏鸟一样的人一颗伟大的心灵,而成功者正脱胎于这些伟大的心灵。

本·侯根是世界上最伟大的高尔夫球选手之一。他并没有其他选手那么好的体能,能力上也有一点缺陷,但他在坚毅、决心,特别是追求成功的强烈愿望方面高人一筹。本·侯根在打高尔夫球的巅峰时期,不幸遭遇了一场灾难。在一个有雾的早晨,他跟太太维拉丽开车行驶在公路上,当他在一个拐弯处掉头时,突然看到一辆巴士的车灯。本·侯根来不及想就本能地把身体挡在太太面前来保护她。这个举动反而救了他,因为方向盘深深地嵌入了驾驶座。事后他昏迷不醒,过了好几天才脱离险境。医生们认为他的高尔夫生涯从此结束了,甚至说他能站起来走路就已经很幸运了。

但是他们并未将本·侯根的意志与需要考虑进去。本·侯根刚能站起来走几步时，就下定要继续打高尔夫的决心。他不停地练习，并增强臂力。起初他还站不稳，再次回到球场时，也只能在高尔夫球场蹒跚而行。后来他稍微能工作、走路，就走到高尔夫球场练习。开始只打几个球，但是他每次去都比上一次多打几个球。最后当他重新参加比赛时，名次很快就上升了。理由很简单，他有必赢的愿望，他知道他又会回到高手之列。

普通人跟成功者的差别就是有无这种强烈的成功愿望。

成功是努力的结果，而努力又大都产生于梦想。正因为这样，创富的梦想成了成功的最基本条件。

20世纪的一项人类重大发现就是认识到思想能够控制行动。你怎样思考，你就会怎样行动。你要是强烈渴望创富，你就会调动自己的一切能量去创富，使自己的一切行动、情感、个性、才能与创富的欲望相吻合。对于一些与创富的欲望相冲突的事物，你会竭尽全力去克服；对于有助于创富的事物，你会竭尽全力地去扶植。这样经过长期的努力，你便会成为一个财富拥有者，使创富的愿望变成现实。如果你创富的愿望不强烈，一遇到挫折便偃旗息鼓，将创富的愿望压抑下去，那你创富的愿望就永远不会实现。

保持一颗持久的渴望成功的心，不断地追求卓越，你就能获得成功。

行动，让梦想照进现实

> 有些人打牌，总想着等到合适的时候再出好牌，但却发现与事实屡屡不符，等到别人都出完手中的牌了，才发现自己的好牌都攥在手里，没派上用场。

一位成功学大师这样评价行动和知识：行动才是力量，知识只是潜在的能量；不积极行动，知识将毫无用处。要克服任何障碍，都离不开行动，也只有行动才能够让梦想照进现实。

曾经有一个人，非常向往西藏。他一直希望能够有机会到西藏旅游，为此他还专门做了很多的准备。他拿出几个月的时间在图书馆和互联网上收集一切关于西藏的信息：西藏的历史、人文特征、旅游景点、生活习惯、气候特征……在进行了这一系列的研究之后，他终于制订出了一个明确的旅游路线图，详细地标注了每一站应该游玩的景点，并准备了旅行用品，他还托朋友帮他预订了去西藏的飞机票。大约一个月之后，朋友估计他已经旅行归来了，打电话问他："西藏好玩吗？是不是和想象中一样美丽呢？"这人却回答说："我想西藏一定是非常美丽的，但我没有去。"这位朋友大惑不解："什么！你花了那么多时间做准备，为什么没去呢？出什么事啦？"这人平静地回答说："我虽然定了这个旅游计划，但是想到旅行的辛苦，还是没有去。"

故事中的这个人，每天只是冥思苦想，谋划自己应该怎么样去做，谋划甚至具体到了每一步骤的目标。但是目标不等于实际的行动，由于他没有身体力行地去实践，所以永远体会不到西藏的秀丽风光和旅行带来的快乐感受，这样的旅游计划也就失去了它的意义。一个没有行动去扶持的目标，就像挂在墙上的画一样，永远成不了现实。

只有行动才会产生结果，行动是成功的保证。任何伟大的目标、伟大的计划，最终必然要落实到行动上。不肯行动的人只是在做白日梦，这种人不是懒汉就是懦夫，他们终将一事无成。

古希腊格言讲得好："要种树，最好的时间是 10 年前，其次是现在。"同样，要成为赢家，最好的时间是 3 年前，其次是现在。

要成为人生牌局的赢家，就应该尽早地迈出自己的第一步。

20 世纪 70 年代的一天，史蒂芬·乔布斯和史蒂芬·沃兹尼亚克卖掉了一辆老掉牙的大众牌汽车，得到了 1500 美元。对于史蒂芬·乔布斯和史蒂芬·沃兹尼亚克这两个正准备开一家公司的人来说，这点钱甚至无法支付办公室的租金，而且他们所要面对的竞争对手是国际商业机器公司（IBM）——一个财大气粗的巨无霸。租不起办公室，他们就在一个车库里安营扎寨。然而正是在这样一个条件极差的车库里，苹果电脑诞生了，一个电脑业的巨子迈出了第一步。也正是这个从车库诞生的苹果电脑，成功地从IBM手里抢走了荣耀和财富。如果当初这两位青年因为怕遇到很多的困难而不动手行动的话，那么恐怕苹果电脑或许就不叫苹果了吧。

而惠普电脑的诞生与苹果电脑的诞生如出一辙。1938年，两位斯坦福大学的毕业生惠尔特和普克德，在寻找工作的过程中他们尝尽了求助他人谋生的艰辛，同时他们还看到了许多人因为找不到工作而陷入困境的惨状，于是他们决定摆脱受雇于人的想法，合伙开创自己的事业。两个一无所有的穷光蛋，总共才凑了538美元，他们有的只是想法和决心。但是，他们并没有停止或等待，在加州的一间车库里，他们办起了一家公司——惠普公司。经过艰苦创业，惠普公司现在是全球最重要的电子元器件、配套设备供应商之一，总资产达300多亿美元。

可能每个人都会有很多的想法，有不少的想法甚至可以说是绝妙的。但是假若这些想法不去付诸实践，那它们永远也只是空想而已。不论你自己想得有多美，重要的是去做！没有人会嘲笑一个学步的婴儿，尽管他的步子趔趄、姿势难看，有时还会摔倒。

我们之所以难以将想法付诸实践，是因为当我们每一次准备搏一搏时，总有一些意外事件使我们停止，例如资金不够、经济不景气、新婴儿的诞生、对目前工作的一时留恋等种种限制以及许许多多数不完的借口，这些都成为我们拖拖拉拉的理由。我们总是想等着一切都十全十美的时候再行动，但事实总会和愿望不太相符，于是我们的计划不会有开始动手的那一天，只是变成了空想。

面对人生的众多机遇，我们看见了，也心动了，但是自己却没有付诸行动，眼看着机会从自己的身边溜走，到头来只能恨自己没有胆量。

安妮是一个可爱的小姑娘，可她有一个坏习惯，那就是她每做一件事，总爱让计划停留在口头上，而不是马上行动。

和安妮住在同一个村子里的詹姆森先生有一家水果店，里面出售本地产的草莓之类的水果。一天，詹姆森先生对安妮说："你想挣点钱吗？"

"当然想。"她回答，"我一直想买一双新鞋，可家里买不起。"

"好的，安妮。"詹姆森先生说，"隔壁卡尔森太太家的牧场里有很多长势很好的黑草莓，他们允许所有人去摘。你摘了以后把它们都卖给我，1升我给你 13 美分。"

安妮听到可以挣钱，非常高兴。于是她迅速跑回家，拿上一个篮子，准备马上就去摘草莓。但这时她不由自主地想到，要先算一下采 5 升草莓可以挣多少钱。于是她拿出一支笔和一块小木板计算起来，计算的结果是 65 美分。

"要是能采 12 升呢？那我又能赚多少呢？"

"上帝呀！"她得出答案，"我能得到 1 美元 56 美分呢！"

安妮接着算下去，要是她采了 50、100、200 升詹姆森先生会给她多少钱。算来算去，已经到了中午吃饭的时间，她只得下午再去采草莓了。

安妮吃过午饭后，急急忙忙地拿起篮子向牧场赶去。而许多男孩子在午饭前就赶到了那儿，他们快把好的草莓都摘光了。可怜的小安妮最终只采到了 1 升草莓。

回家途中，安妮想起了老师常说的话："办事得尽早着手，干完后再去想。因为一个实干者胜过 100 个空想家。"

成功在于计划，更在于行动。目标再大，如果不去落实，也永远只能是空想。所以当你心动的时候，就应当尽快地将它付诸行动，这样才能够更好地把握住机遇。

在一次行动力研习会上，培训师说："现在我请各位一起来做一个游戏，大家必须用心投入，并且采取行动。"他从钱包里掏出一张面值 100 元的人民币，他说："现在有谁愿意拿 50 元来换这张 100 元的人民币？"

他说了几次，都没有人行动，最后终于有一个人走向讲台，但他仍然用一种怀疑的眼光看着培训师和那一张人民币，不敢行动。那位培训师提醒说："要配合，要参与，要行动。"那个人才采取行动，换回了那 100 元，那位勇敢的参与者立刻赚了 50 元。最后，培训师说："凡事马上行动，立刻行动，你的人生才会不一样。"

现实生活中，我们往往在心动的时候会考虑到很多因素，会想这能实现吗？会想到诸多的困难阻挠，会想到自己力量的薄弱等。但是为什么不去试试呢？很多时候，我们缺少的是将心动变成行动的胆量。

人生就是这样，再美好的梦想，离开了行动就会变成空想；再完美的计划，离开了行动也会失去意义。我们要实现自己的理想，就应当注重行动，在行动中实现自己的梦想。

古语说得好："千里之行，始于足下。"你可能曾经看过某些人在接近人生旅程的尽头时，回顾一生时说："如果我能有不同的做法……如果我能在机会降临时好好地利用……"这些未能得到满足的生命，只是充塞着数不清的"如果……"他们的生命在真正起步之前就已经结束了。

只有行动才能让计划成为现实，这是千年不变的真理。如果你想改变你的现状，那就赶快行动吧！

新时代，难道还要"望梅止渴"

有些人打牌总想取得最好的结果，却又懒得动脑筋思考，懒得去向别人学习经验，那这样的人是很难赢牌的。真正赢牌的是愿意付出行动的人。

古语有云"望梅止渴"，指的是因为梅子酸，人想到梅子就会流涎，所以可以止渴。而作为新时代的人，不能总是自己欺骗自己，画饼充饥，依靠想象来满足自己，而是想得到什么就应自己动手。

人常言"自己动手丰衣足食"，的确，生活中没有不劳而获的事，我们无论想得到什么，都要付出自己的努力，朝着自己追求的方向不断地靠近，才能够最终获得自己想要的。

因为每一项行动都会产生一种对等的反应，所以我们会从生活中获得什么，完全取决于我们为生活贡献的质量与数量，无数名人和成功人士都指出了这一观点。

你在得到东西之前，先得付出一些东西。收获不会凭空而降，不劳而获的事如徒然的空想，永远不切实际。

有这样一个故事：

在很久以前，泰国有个叫奈哈松的人一心想成为一个富翁。他觉得成为富翁的最快捷径便是学会炼金之术，此后，他把全部的时间、金钱和精力都用在了炼金术的实验中了。不久以后他花光了自己的全部积蓄，家中变得一贫如洗，连饭都没得吃了。

妻子无奈，跑到父亲那里诉苦，她父亲决定帮女婿改掉恶习。他让奈哈松前来相见，并对他说："我已经掌握了炼金之术，只是现在还缺少一样炼金的东西……"

"快告诉我还缺少什么？"奈哈松急切地问道。

"那好吧，我可以让你知道这个秘密。我需要3公斤香蕉叶下的白色绒毛。这些绒毛必须是你自己种的香蕉树上的。等到收齐绒毛后，我便告诉你炼金的方法。"

奈哈松回家后立刻将已荒废多年的田地种上了香蕉。为了尽快凑齐绒毛，他除了耕种以前自家就有的田地外，还开垦了大量的荒地。当香蕉成熟后，他便小心地从每张香蕉叶下收集白绒毛，而他的妻子和儿女则抬着一串串香蕉到市场上去卖。就这样，10年过去了，奈哈松终于收集够了3公斤绒毛。这天，他一脸兴奋地带着绒毛来到岳父的家里，向岳父讨要炼金之术。

岳父指着院中的一间房子说："现在你把那边的房门打开看看。"奈哈松打开了那扇门，立即看到满屋金光，竟全是黄金，他的妻子、儿女都站在屋中。妻子告诉他，这些金子都是他这 10 年里所种的香蕉换来的。面对着满屋实实在在的黄金，奈哈松恍然大悟。

事情往往是这样：那些心存侥幸、渴望点石成金，不想动手的人往往会一无所获、双手空空；而一个人真正地付出自己的行动，努力地进取，就会有很大的收获。因此生活中的有心人必须踏实跨出每一步，积少成多才能获得成功。

生活中的某些人往往总想不劳而获，而不想通过不断地付出再得到。秘书往往会跑到老板那里说："给我加薪，我就会做得更好。"推销员时常到老板那里说："把我升为销售经理，我就会变得能干，虽然我一直没有做出什么。不过，一旦让我负责，我就能做得更好。所以请让我当主管，我会做给你看。"学生往往对老师说："我若把这学期不良的成绩带回家，父母就会惩罚我。所以老师，如果你这学期给我好成绩，我答应下学期会努力用功。"这就如同一位农夫说："如果让我今年丰收的话，我答应明年会好好耕种。"细想，这是根本不可能的事情，在你期望得到东西前，必须付出一些东西才行。

成功就像那些枝头的花一样，必须经过含辛茹苦的努力培育才会开放的，它不会随随便便就落到你的手上。很多人都想在生活中寻找一条成功的捷径，凭借这些捷径平步青云。比如，很多没有取得成功的人常常都想通过买彩票、买股票等投机方法去获得成功，但现实中通过这种方式成功的人却往往没有几个。

在真正的人生旅途中，你无法预见成功与你有多远的距离，也许十米、百米，甚至是无法计算的距离，但是明天到底会不会有重大的突破，你只有努力过、奋斗过才知道。而真正的成功没有捷径，唯有通过自己的勤奋积累、脚踏实地、一步一步地向前走！

狼来了，谁来拯救你

打牌时会遇到各种各样的困境，你可能会希望对手能够松一下手，也可能希望得到别人的指点，但这些都是靠不住的，重要的是你要学会在困境中自救。

在遇到事情的时候，人总希望有人来拯救自己，希望别人能够带着自己走出困境。事实总是，当你满怀希望地等着那个拯救你的人出现的时候，他总也不来，直到你等到失望，才伤心、失望，自责、后悔当初没有自己解决问题，本来一切都有挽回的余地，但现在却一切都晚了，无可挽救了。人应当明白，只有自己才是自己的救星。狼来了，人要学会自救。

求人不如求己。当你遇到问题的时候，不要总想着要别人帮自己解决，当我们不断地想着某个人能够帮助自己的时候，或许这段时间我们已经有办法自己解决问题了。一味地靠别人来帮自己的人到头只能耽搁了自己，反而是那些遇事先自己想办法解决的人才能逐步走向成功。

一个中国学生以优异的成绩考入了美国的一所著名大学，但由于人生地不熟、思乡心切加上饮食、生活等诸多的不习惯，入学不久他便病倒了。更为严重的是，由于生活费用不够，他的生活甚为窘迫，濒临退学。给餐馆打工一个小时可以挣几美元，但他嫌累不干。几个月下来，他所带的费用所剩无几，学校放假时他准备退学回家。

回到故乡后，在机场迎接他的是他年近花甲的父亲。当他走下飞机扶梯时，看到自己久违的父亲，便兴高采烈地向他跑去。父亲脸上堆满了笑容，张开双臂准备拥抱儿子，可就在儿子就要搂到父亲脖子的一刹那，这位父亲却突然快速向后退了一步，孩子扑了个空，一个趔趄摔倒在地。

他对父亲的举动深为不解。

父亲拉起倒在地上的孩子严肃地对他说："孩子，这个世界上没有任何人可以做你的靠山、当你的支点，你若想在生活中立于不败之地，任何时候都不能丧失自立、自信、自强，一切全靠你自己！"说完父亲塞给孩子一张返程机票。这位学生没跨进家门，直接登上了返美的航班。后来，他获得了学院里的最高奖学金，且有数篇论文发表在有国际影响的刊物上。

这世界上每一个人出生在什么样的家庭，有多少财产，有什么样的父亲、什么样的地位、什么样的亲朋好友并不重要，重要的是我们不能寄希望于他人，必要时要给自己一个趔趄，只要不轻言放弃，自立、自信、自强，就没有什么实现不了的事情。

陶行知说："淌自己的汗，吃自己的饭，自己的事自己干。靠天靠人靠祖宗，不算是好汉。"我们每个人生存在这个世界上都应当依靠自己而活着，拥有自己独立的精神，独立地思考问题，独立地做事情。

"自助者，天助之"，这是一条屡试不爽的格言，它早已被漫长的人类历史进程中无数人的经验所证实。自立的精神是发展与进步的动力和根源，它体现在生活的各个领域，大到国家，小到个人。外在的帮助只能让人解决一时之难，而一个人或者一个企业，甚至一个国家要得到真正的发展，需要从自身进行自救，才能真正地走向强大。

人很可能会遇到各种的挫折阻挠，很多人认为这是命运对自己的不公。而大音乐家贝多芬是个聋子，他自己听不到美妙的乐曲，但他的乐曲却使得千千万万的人获得安慰。英国女诗人勃朗宁夫人下肢瘫痪，这是她的不幸，但她的诗篇却使她赢得世界声誉。美国天才作家爱伦·坡，在有生之年，生活极其艰苦，而且常常挨饿，这是他的不幸；时至今日，爱伦·坡的影响却是文学界中无法磨灭的印迹。俄罗斯大作家陀思妥耶夫斯基的一生中，有一半的时间是在监狱和贫民窟中度过的，而且还上了过头台，在临刑前一瞬才获得特赦，这是他的不幸，但他留存下来的著作却令他享誉世界。难道说这些人的命运就很好吗？关键还是在个人。每个人要学会的是自己主宰自己，而不是依靠他人的力量去达到成功。

即使依靠他人的力量取得了成功也往往只是暂时的。

真正的自助者是令人敬佩的觉悟者，他会藐视困难，而困难在他面前也会奇怪地轰然倒地，这个过程简直有如天神相助；真正的自助者就像黑夜里发光的萤火虫，不仅会照亮自己，而且能赢得别人的欣赏——当人们欣赏一个人时，往往会用帮助的形式表示爱护，好运气会因此而降临。

自助者，天助之。遇到问题，不要抱怨，不要依赖别人，自己积极地动脑筋想办法，困难就会迎刃而解。

100 个 "0" 顶不上 1 个 "1"

> 打牌的时候，有人总会提前想好打牌的策略，但最终他还是输牌。这不是因为他的策略不好，而是因为所有的计划都在打牌中被拖延了，没能运用上。

生活中，我们可能会有很多很多的想法，想着如何使公司发展得越来越好，想着等有空的时候一定接父母过来好好孝顺孝顺他们，想着自己从哪天起一定要好好地看书，一定要抽时间陪妻子儿女一起上公园逛逛，我们想着哪一天……但往往我们会发现半年或者两年之后我们依旧还会有与原来一样的愿望，这些愿望从来没有实现过。其实这些皆源于我们做事的拖延。

人很多时候就像前面写的那样，空想的事情很多，想着要做这个，要做那个，到头来却是什么也没有做。而事实上，我们完全可以只抽出一点时间去做一件事，哪怕只是帮父母捶捶背、说说家常，哪怕只是今天开始看一篇文章，哪怕只是从现在起善待身边的同事，这都是一个新的开始，一种质的飞跃。因为你嘴里说的、脑袋里想的即便有

100种、1000种想法，没有动手去实践或者不断地拖延时间就等于是零，100个"0"顶不上1个"1"。

对每一个渴望有所成就的人来说，拖延是最具破坏性的，它是一种最危险的恶习，它会使人丧失进取心。一旦开始遇事拖延，就很容易再次拖延，直到变成一种根深蒂固的习惯。

拖延会侵蚀人的意志和心灵，消耗人的能量，阻碍人的潜能的发挥。处于拖延状态的人，常常陷于一种恶性循环中，这种恶性循环就是：拖延——低效能工作＋情绪困扰——拖延。

今天该做的事拖到明天完成，现在该打的电话等一两个小时以后才打，这个月该完成的报表拖到下个月，这个季度该达到的进度要等到下一个季度。凡事都留待明天处理的态度就是拖延，这是一种坏习惯。

喜欢拖延的人往往意志薄弱，他们或者不敢面对现实，习惯于逃避困难，惧怕艰苦，缺乏约束自我的毅力；或者目标和想法太多，导致无从下手，缺乏应有的计划性和条理性；或者没有目标，甚至不知道应该确定什么样的目标。另外，认为条件不成熟，无法开始行动，也是导致拖延的原因之一。

就像在打牌的过程中，即使有人提前设想好打牌的策略，但如果他总是拖延着不按设想的进行，那也没什么意义。我们常常因为这样的拖延而心生悔意，然而下一次又会惯性地拖延下去。几次三番之后，我们竟视这种恶习为平常之事，以致漠视了它对工作的危害。

事实上，拖延绝不是一种无所谓的耽搁，一个公司很有可能就因为短暂的拖延而损失惨重，这并非危言耸听。1989年3月24日，埃克森公司的一艘巨型油轮在阿拉斯加触礁，原油大量泄漏，给生态环境造成了巨大破坏。但埃克森公司却迟迟没有做出外界期待的反应，以致引发了一场"反埃克森运动"，此事甚至惊动了当时的布什总统。最后埃克森公司总损失达几亿美元，形象严重受损。

无论是公司还是个人，没有在关键时刻及时做出决定或行动，而让事情拖延下去，这会给自身带来严重的伤害。那些经常说"唉，这件事情很烦人，还有其他的事等着做，先做其他的事情"的人，总是奢望随着时间的流逝，难题会自动消失或有另外的人解决它，实际上这只是自欺欺人而已。不论他们用多少方法来逃避责任，该做的事还是得做。而拖延则是一种相当累人的折磨，随着工作完成期限的迫近，工作的压力反而与日俱增，这会让人觉得更加疲惫不堪。

拖延并不能使问题消失，也不能使问题变得容易起来，而只会使问题深化，给工作造成严重的危害。我们没解决的问题会由小变大，由简单变复杂，像滚雪球般越滚越大，解决起来也越来越难；而且没有任何人会为我们承担拖延的损失，拖延的后果可想而知。

避免拖延的唯一方法就是"现在就做"。开始是最困难的工作，但却必须开始。

接到新的工作任务，就立即切实地行动起来。诸如"再等一会儿"，"明天就开始做"这样的语言或者这种心理意念，一刻也不能在我们的心里存在。马上列出自己的行动计划，去做！从现在就开始，立即去做自己一直在拖延的工作。如此一来，我们就会发现拖延毫无必要，而且还可能会喜欢自己一拖再拖的这项工作，从而不想拖延，逐渐消除拖延的烦恼。

许多人做事总喜欢等到所有的条件都具备了再行动，殊不知完全具备的条件是等不来的，工作中很少有万事俱备的时候。就是在这种既定的环境中，就是在现有的条件下，我们同样可以把事情做到极致！行动可以创造有利条件。只要做起来，哪怕很小的事，哪怕只做了5分钟，也是一个好的开端，就能带动我们着手做好更多的事情。

歌德说得好："只有投入，思想才能燃烧。一旦开始，完成在即。""绝不拖延，立即行动"，这句话是最惊人的自动启动器。任何时候，当你感到拖延的恶习正悄悄地向你靠近，或当此恶习已迅速缠上你，使你动弹不得时，你都需要用这句话来警醒自己，在一分钟内动起来。让100个"0"成为100个"1"。

跟不上变化就得失败

> 牌局发生变化的时候，如果我们还是按照自己计划的步骤出牌，就很可能输牌。因为我们的计划没有考虑到太多的突变因素，所以最好的办法就是根据牌局改变自己的打法。

人常说："计划赶不上变化。"的确，世间万事万物每时每刻都在发生变化，很多事情还没有来得及想的时候可能已经过去了，所以我们要在变化中适应，不断地调整自己的计划，实现自己的目标。

比如打牌的时候，牌局发生变化，如果我们不能应时而变，就等于是在胡乱出牌，那结果也是可想而知的。

现代史上，有一群人特别成功，那就是第二次世界大战中曾被囚禁于纳粹集中营而幸存的人。赫姆瑞可博士在一本著作中，拿这群人和战前即迁居美国的同龄犹太人相比发现，平均而言，这批幸存者的受教育程度较低，但日后的事业成就较大，收入较高，且热心从事社会服务工作。赫姆瑞可探究原因，发现这些历经苦难却颇有成就的人具有若干共同特质，其中最重要的两点是：随时准备主动展开新任务；能针对环境变化，随时进行调整与调适。

外部世界纷繁多变，我们要顺利地达到自己的目的，就必须随时检视自己的选择是否有偏差。

富兰克林认为，不变的计划比没有计划更糟糕。这句话包含两层意思：首先，制定目标的过程固然重要，但必须明白的是，工作目标永远都不能完全提前计划出来；其次，必须具备调适能力，要能够随时修正、改进自己的计划。

你要允许自己在执行计划的过程中有突然的事情发生，并且你还要把它看作是突如其来的幸运，而不是你完美的方案突然出现了问题。用一位效率专家的话说就是："工作效率高的人，总是准备好了要幸运。"这里的关键词是"准备好了"和"幸运"，它们是不可分的。你没有准备就得不到幸运；如果你没有对一件事情发生的可能性抱持开放的态度，就没有处于"准备好了"的状态的感觉。

所以，要取得出色的业绩，除了矢志不渝地推行自己的计划，对待自己的计划还应当随时保持一种开放的心态，要根据自己观察到的信息和工作中反馈过来的情况及时调整自己的计划，这样才能取得令人满意的成绩。

事实上，我们着手做事，不论对错，都会得到反馈。这些反馈的信息，大多是我们追求成功的最初阶段时所无法获得的资讯，是必须实际行动之后才能产生的新资讯。这些资讯不仅能充实我们既有的计划，还能为我们调整目标提供参考的依据。

约瑟夫·基尔施纳德认为，"预期发生预料之外的事"是绝佳的人生格言。我们所生存的世界复杂而富有变化，因此，我们必须随时准备面对出乎意料的情况，这些情况会引我们走向未曾计划之处。我们必须知道，通往成功的道路迂回曲折，一定要预先做好准备。从出发点 A 到终点 Z 不可能是完全笔直的线，我们会时而偏左，时而偏右。如果目标定得清楚明确，在进行的过程中，也可以根据实际情况，将一切的迂回曲折统统纳入计划中。

死板地执行计划和根本不做计划同样有害。查斯特·菲尔德爵士认为，制定目标的时候一定要保持一定的灵活性，以备在执行过程中不断地修正与调整。你将发现，如果你立下的目标很灵活，那么一些美妙的事情就开始发生。你会觉得更放松，同时这也不会影响你的工作效率，因为你不必花费太多的精力在焦虑和烦恼上，并且你已学会相信你会遵守最后期限、达成绝大部分的目标、完成你的责任，尽管事实是你可能必须稍微改动你的计划（或甚至是完全地变更）。最后，你周围的人也会觉得更加轻松。

在工作中，我们需要有一种心理准备，即应该及时调整自己的目标和计划。那么，调整目标要遵循哪些步骤呢？

第一步，修正计划，而不是修正目标。如果更改目标已成为习惯，那么这种习惯很可能会让你一事无成。大目标一旦确定，不可轻易更改，尤其是"终端目标"。可以修正的是达到目标的计划，包括达到"终端目标"之前的各个"路标"——过程目标。记住英国人的一句谚语："目标刻在水泥上，计划写在沙滩上。"

第二步，修正时限。如果修正计划还无法达到目标，可以退而求其次，修正目标达成的时间。一天不行用两天，一年不行花两年。坚持到底，永不放弃，终将成功。

第三步，修正目标的量。如果修正目标的时限还不行，只好对目标的量进行改变。做这一决定时，请"三思而行"，并告诫自己，不要轻易压缩梦想以适应残酷的现实。应有的思维模式是：努力找寻新的方法改变现实，达到目标。

第四步，万不得已时，只好放弃该目标。放弃本身就是一种残酷的现实，你不得不宣告失败。但是，如果你身上流淌的是成功者的血液，那么你绝不会悲观，绝不会气馁，也绝不会自责。因为即使屡战屡败，我们仍可以屡败屡战。对于成功者而言，这个世界上根本就没有失败，只有暂时还没有成功。只要你不服输，失败就绝不会是定局。这种修改、调整目标的目的，仍是为了实现目标，取得成功。

成功只是因为多做了一点点

> 赢牌的人并非是天才，只是他们在打牌的时候总是比其他人考虑得多一些，做得多了一点。正是因为这多出的一点点让他们取得了成功。

你可能时常会发牢骚：我的成功为什么这么难呢？和我一样的某

某为什么总是很顺利呢？我怎么总是这么倒霉呢？为什么成功女神不眷顾我呢？

难道真的是这样吗？难道成功真的离你很远吗？不是。有位成功人士的成功经验只有一句话："成功是因为做得更多。"

有这样 3 个人：小张、小李、小王，他们不仅是中学同班同学，还是大学同班同学，更是同一天进入了同一家公司。但是他们的薪水却大不相同：小张月薪 5000 元，小李月薪 3500 元，小王月薪 1500 元。

有一天，他们的中学老师来看望他们，得知他们薪水的差距之后，就去问总经理："在学校他们的成绩都差不多呀，为什么仅大学毕业一年后就会有这么大的差距？"

总经理听完老师的话，笑着对老师说："在学校，他们是学习书本知识；但在公司里，是要行动、要结果。公司与学校的要求不同，员工的表现也与学校的考试成绩不同，薪水作为衡量的标准，自然也不同呀！"

看到老师疑惑不解地皱着眉头，总经理说："这样吧，我现在叫他们 3 个人做相同的事情，你只要看他们的表现就知道原因了。"

总经理把这 3 个人同时找来，然后对他们说："现在请你们去调查一下停泊在港口边的船，船上毛皮的数量、价格和品质，你们都要详细地记录下来，并尽快给我答复。"

一小时后，他们 3 个人都回来了。

小王先做了汇报："那个港口有一个我的旧识，我给他打了电话，他愿意帮忙，明天给我结果。为了保证明天他给我结果，我准备今晚请他吃饭。请您放心，明天一定给您结果。"

接着，小李把船上的毛皮数量、品质等详细情况告诉了总经理。

轮到小张的时候，他首先重复报告了毛皮的数量、品质等情况，并且将船上最有价值的货品详细记录了下来，然后表明，他已向总经理助理了解了总经理的目的，是要在了解了货物的情况后与货主谈判。于是，他在回程中，又打电话向另外两家毛皮公司询问了相关货物的品质、价格等。

看到这里的时候，相信那位老师也知道了这 3 个人工资相差这么大的原因。不是说谁是天才谁就成功，世界上的天才寥寥无几，成功人士只不过是比别人做得多了一点。

很多人认为，只要踏实、认真、仔细、尽职尽责，将老板吩咐的事情做好就可以了。其实不是，那些脱颖而出的人总是会多做一点。虽然听命行事相当重要，但个人的主动进取精神更应受到重视。许多公司都努力把自己的员工培养成自动自发工作的人。所谓自动自发，就是没有人要求你、强迫你，而你能自觉而且出色地做好需要做的事情。一个自动自发的人，知道自己工作的意义和责任，并随时准备把握机会，展示超乎寻常的工作表现。

千万不要认为你的老板十分清闲，其实他时刻都在思考企业的生存与发展。工作中，再精明的老板也会有百密一疏的时候，所以，除了将老板吩咐的事情做完、做好，还应尽量多做一些老板没有吩咐但你可以做的事情，为老板节约时间，使其能考虑和计划更重要的事情。

不要认为老板的指令"神圣不可侵犯"。如果你有另外一条更好的途径可走，可以主动请示老板，积极改进。不要像"应声虫"一样盲目服从老板的一切，只要你确实认为老板的授权方向有不合理之处，就可阐述自己的观点，聪明的老板绝不会因此将你拒之于"门"外的。因为老板相信，你即使未按他所设想的进行工作，但一定正在按一种更好的方法做着。

一位善于主动做老板没有吩咐的事的员工，是这样描述自己的职责的："在这个不断变化的世界里，我有责任为改变我自己以及我所在的公司和社会尽力。这意味着我必须考虑到他人和我自己的各种行为与对策的长远后果，我必须努力争取双赢。我所在的公司把我看成是一个值得信赖的员工，一个能够大胆直言、提出问题和建议的人，虽然我的工作职责中并不包括这部分内容。"

在打牌的时候，为什么有些人总会赢呢？就是因为他们总是比其他人考虑得多一些，做得多一点。在当今这个竞争激烈的社会里，要在职场中立足，就必须为企业创造出更多的价值，成为企业不可或缺的人才，成为老板信得过的得力助手。积极主动的做事态度与风格是每一个老板都欣赏的，而主动去做老板没有吩咐的事是最能打动老板的方法之一。成功，只因为多做了一点点。

用心不专是大忌

> 一个人在打牌时，也需要集中精神全力以赴，如果他东瞅瞅西望望，心思不在牌上，那么即使牌再好，也可能会输掉。

其实生活中很多事情之所以失败，并不是因为我们没有能力去做好它们，而是我们在做这些事情的时候不专心、不认真，所以最终的结果就可想而知了。

事实上，任何事情我们只要一心一意地做，将精力都投入其中，离成功就不远了。当阳光照在我们身上时，我们只会感到温暖；当它穿过凸透镜聚焦成一道光束时，却变得犀利而不可视。一个用心不专的人往往一事无成；而一个人把他所有的精力凝聚成一点时，他会成为一把所向披靡的利刃，战无不胜。同样，一个人在打牌时，如果他总是用心不专，那么再好的牌也会被他输掉。

用心不专是一个人做事的大忌，一事无成是用心不专产生的恶果。歌德教导我们说："一个人不能同时骑两匹马，骑上这匹，就会丢掉那匹。聪明人会把分散精力的事情抛在一边，专心致志地学一门知识，学一门就要把它学好。"在你的身边肯定有许多庸人，你仔细想过没有，他们为什么会学无专长，一生碌碌无为？仔细观察，你会发现庸人的突出缺点就是难以专心致志。他们做任何事情都不能竭尽全力。就像凿井一样，他们花了许多时间和精力开凿了许多浅井，却不会花同样的时间和精力去凿一口深井，所以，他们最终喝不到甘甜的井水。

有一个很有名望的主教正在花园中虔诚地祷告。此时，一名心慌意乱的侍女跑过来，焦急地寻找她丢失的孩子。由于着急，她并没有注意到祈祷的主教，结果在他身上踩了一脚后，半句道歉的话未说就走了。主教经她一踩，心中颇为恼怒，就在他将要祈祷完时，侍女找到了小孩，高高兴兴地走回来了。一看到主教满面怒容地站在那里，她吃了一惊，也大为惶恐。

主教生气地说："你可不可以解释一下刚才的行为？"

侍女回答说："对不起，主教，我刚才一心惦念着孩子的安危，所以没有注意到您在那里。当时，您不是正在祈祷吗？您所祈祷的对象，不是比我的孩子还要珍贵千万倍吗？您怎么还会注意到我呢？"

主教低头不语。

清代将军胡林翼说："凡办事皆须神情贯注。若心有二用，则不能有成。"一个专注的人，必然不会因周围的事物分心。一个下定决心的人，必定也是一个在各方面都成功的人。一个人的精力和时间是有限的，如果选不准目标，到处乱闯，几年的时间会一晃而过。如果想取得突破性的进展，就该像学打靶一样，迅速瞄准目标。

学者梁实秋用30余年的时间独自完成了《莎士比亚全集》的翻译工作，投入了几乎半生的精力。开始，梁实秋共物色了5个人担任翻译，他和闻一多、徐志摩、陈西滢、叶公超计划5～10年完成。后来，另外4人临阵退出，梁实秋便一个人把责任承担下来。他在抗战爆发前完成8部莎翁剧作的翻译工作，"七七事变"后，为了躲避日寇的通缉，他不得不逃离北京，在极其艰苦的环境下，继续进行对莎翁剧作的翻译。抗战胜利后，梁实秋回到北京，在北京师范大学任教，课余之暇，他依然坚持莎翁剧的翻译工作。1967年，由梁实秋独自翻译的莎士比亚37部作品的中文译本全部出齐，在国内学界引起了轰动。梁实秋回忆说："我翻译莎氏，没有什么报酬可言，长年累月，其间也很少得到鼓励……"

梁实秋的成功，得益于他对这一工作的执着精神，得益于他一心一意地投入。任何事情都需要投入，要想成就大事更要锲而不舍地投入。

专注是"语不惊人死不休"的豪情，是"为伊消得人憔悴"的投入，是"十年磨一剑"的等待。所以，荀子在《劝学》中说："锲而舍之，朽木不折；锲而不舍，金石可镂。"古今成大事者，大抵都具有这份执着精神。

人只有在做自己感兴趣的事情时精神才会高度集中。爱迪生在实验室里可以两天两夜不睡觉，可是一听音乐便会呼呼大睡。可见，注意力与兴趣有着直接的关系。兴趣越大的事情，对人的刺激越大，兴奋程度越高，注意力也更容易集中。另外，善于排除外界因素的干扰，也是我们提高注意力的一个重要方面。一心一意地专注于自己的工作，是每一个有志进取的人不可或缺的品质。当你能够专注地做每一件事时，成功也就指日可待了。

学会没事找事做

> 打牌不是想赢就能赢的，那些能够不断为赢牌努力的人，才会有稳扎稳打的根基，在一点一滴的积累中成为王者。

有一些人总是闲不住，一闲下来他们心里就觉得不舒服。这种没事找事做的人很可能在长期的积累中不断进步，以"小流"汇聚成"江河"。而那些什么事情都不想干或者被动地做事情的人，将最终一事无成。

《颜氏家训》说："天下事以难而废者十之一，以惰而废者十之九。"惰性往往是许多人虚度时光、碌碌无为的原因，这最终会使他们陷入困顿的境地。惰性集中表现为拖延，即可以完成的事不立即完成，今天推明天，明天推后天，奉行"今天不为待明朝，车到山前必有路"。

结果，事情没做多少，青春年华却在这无休止的拖延中流逝殆尽了。而没事找事做的人刚好相反，他们总是能够给自己找事情做，从每一件小事情做起，在这些小事情中规划总结，最终干成大事。

"业精于勤，荒于嬉。"的确，懒惰的人最终不会取得成功。人一旦长期逃避艰辛的工作，就会形成习惯，而习惯就会发展成不良性格倾向。比尔·盖茨说："懒惰、好逸恶劳乃是万恶之源，懒惰会吞噬一个人的心灵，就像灰尘可以使铁生锈一样。懒惰可以轻而易举地毁掉一个人，乃至一个民族。"这给我们敲响了警钟。

城市附近有一个湖，湖面上总游着几只天鹅，许多人专程开车过去，就是为了欣赏天鹅的翩翩之姿。

"天鹅是候鸟，冬天应该向南迁徙才对，为什么这几只天鹅终年定居，甚至从未见它们飞翔过呢？"有人这样问湖边垂钓的老人。

"那还不简单吗？只要我们不断地喂它们好吃的东西，等到它们长肥了，自然无法起飞，就不得不待下来了。"老人说。

鸟因惰性而生死殊途，人也会因惰性而走向堕落。如果想战胜懒惰，勤劳是唯一的方法。人应该学会没事给自己找一些事情来做，没事找事可以为自己增添不少财富，没事找事做是防止被舒适软化、涣散精神活力的"防护堤"。

有些人终日游手好闲、无所事事，无论干什么都舍不得花力气、下功夫，宁愿一直闲着，却总想不劳而获，占有别人的劳动成果。他们一天到晚都在盘算着掠夺本属于他人的东西，可想而知结果如何了。

生活中，真正的赢家还是那些靠自己的汗水一步步走向成功的人。学会没事找事，就是要以一颗勤奋的心面对生活，认真地对待生活，让自己忙碌起来。从一些小事情做起，在办公室帮着大家打扫卫生，平时的事情自己多干一点点。这样的生活不仅更有趣味和意义，自己也能够从中不断得到提升，而且在一定程度上也为自己今后的事业发展提供了人脉资源。企业也一样，一个企业如果不去发展更多的客户资源，不去扩展自己的业务范围等，这个企业永远只是一个小的企业。企业的发展也需要不断地没事找事做，在发展的过程中发现新的商机，并对其进行扩展，这样才能一步一步壮大。

人生如打牌，不是想赢就能赢的，只有那些不懒惰、努力寻找机会和方法的人才能为自己赢牌铺好路，成为最终的胜者。

第十章

合作共赢，逼迫命运重新洗牌

合作才能出好牌

> 打牌往往有两个人是合作伙伴，两个人通力合作，优势互补，就可能在牌局中取胜，而不善于合作的人，就可能将好牌打成烂牌。

当雁鼓动双翼时，对尾随的同伴具有推动的作用，雁群排开成 V 字形时，会比孤雁单飞增加 70% 的飞行距离。蚂蚁的合作精神也令人震惊：在洪水肆虐的时候，蚂蚁迅速抱成团，随波漂流。蚁球外层的蚂蚁，有些会被波浪打落冲走。但只要蚁球靠岸，或能依附一个大的漂流物，蚂蚁就得救了。

人与人之间的相互交往是人功成名就的重要前提之一，集体与集体之间的精诚合作是它们共同取得利益的重要途径。对此，我国古代一位名人曾经说："合群得力，离群失援；得力则胜，失援则败。"正如一位成功的领导者在接受记者采访时说的："我的成功，10% 是靠我个人旺盛无比的进取心，而 90% 全仗着我拥有的那支强有力的团队。"

团结就是力量。如果人心所向，众志成城，就会以最小的付出获得最大的收获。日本在第二次世界大战后短短数十年就成为经济强国，很大一部分原因就是日本企业员工的团体精神。日本的企业成员不一定有血缘关系，但凡是进入某一企业共同工作者，即被认为是这一"家"的成员，这就是团体意识。

单打独斗的个人英雄主义时代早已过去了。领导不再是明星，虽然位高权重，拥有领导统御的大权，但是如果缺少一批忠心耿耿的下属，还是很难成就大事的。任何组织现在需要的不仅是面面俱到的领导人才，更需要整个团队的合作精神。

管理大师威廉·戴尔在《建立团队》一书中指出："过去被视为传

奇英雄，并能一手改写组织或部门的强硬经理人，在现今日趋复杂的组织下，已被另一种新型经理人取代。这种经理人能将不同背景、不同训练和不同经验的人，组织成一个有效率的工作团体。"

对企业组织管理有丰富经验，以负责教育培训工作而闻名于世的威廉·希特博士完全支持这一观点，他认为经理人要用"参与式"管理替代专断式管理。他说："与其试着由一个人来管理组织，为何不让整个组织一起分担管理的功能？"

如果没有下属的分工合作与齐心支持，领导的能力再强，也不会将公司管理得好。

1933 年，正当经济危机在美国蔓延的时候，哈理逊纺织公司却是祸不单行，一场大火将公司化为灰烬。哈理逊公司 3000 名员工失业，生活没有了保障。就在这个时候，董事会做出了一项惊人的决定：向全公司员工继续支薪一个月。消息传来，员工们惊喜万分，纷纷打电话或写信向董事长亚伦·傅斯表示感谢。

一个月后，正当他们为下个月的生活费发愁的时候，他们又收到公司的第二封信，董事长宣布：再支付全体员工一个月的薪酬。接到信后的第二天，这些员工纷纷回到公司，自发地清理废墟，擦拭机器，还有一些人主动去联系一些已经中断联系的客户。

员工们使出浑身解数，夜以继日地工作，恨不得一天干 24 个小时。3 个月后，哈理逊公司重新走上了正轨。当初反对傅斯这样做的人不得不佩服傅斯的智慧与精明。亚伦·傅斯站在灭顶灾难的边缘，以他超出常人的胆识和魄力赢得了人心，以他恒久的努力赢得了团队的力量，最后取得了事业的成功。

博取了人心，凝聚了合力，还有什么可以阻挡成功的步伐？"众人"齐心定能扭转乾坤，利益也有了保证。

人生的牌局上，我们都想着取得更大的成功，而与人合作就是最大的一张智慧牌。只有与他人合作，我们才会在成功的路上走得更远。

"牌友"为你保驾护航

要与牌友合作，就必须对牌友的出牌规律、思维进行充分了解。彼此扬长避短，才能进行很好的沟通合作。

打过牌的人都有这样的经验，你手中的牌不好，但如果你对家的牌很好，他就能弥补你的不足。如果你们能够互相支持、取长补短，就会有一半的胜算。因此，在人生的牌局中，和你的"牌友"搞好关系，对你的人生具有举足轻重的作用。

在喜马拉雅山中曾经有一种共命鸟，这种鸟只有一个身子，却有两个头。有一天，其中一个头在吃美果，另一个头则想饮清水，由于清水离美果的距离较远，而吃美果的头又不肯退让，于是想喝清水的头十分愤怒，一气之下便说："好吧，你吃美果却不让我喝清水，那么我就吃有毒的果子。"结果两个头同归于尽了。

还有一条蛇，它的头部和尾部都想走在前面，互相争执不下，于是尾巴说："头，你总在前面，这样不对，有时候应该让我走在前面。"
头回答说："我总是走在前面，那是按照早有的规定做的，怎能让你走在前面？"
两者争执不下，尾巴看到头走在前面，就卷在树上，不让头往前走，它抓住头放松的机会，立即离开树木走到前面，最后蛇掉进火坑被烧死了。

两头鸟和头尾相争的蛇，都不明白彼此合作的重要性。合作就是要在一定程度上迁就对方一点点，这样才能保证取得巨大的成功。不懂得谦让，最终只会两败俱伤。如果那只鸟的一个头能够先让另一个头喝到水，再过去吃鲜果，那它也没有什么损失，只是哪个先哪个后的问题。人有时候就和这只两头鸟一样，不愿意让自己的利益受到一点点的损失，别人的一点要求也不能满足，所以到头来自己也是一无所获。

合作伙伴就像是牌友，任何时候，你都不要忽视别人的友情。与人合作就要善待别人，通过沟通了解，在有争议的问题上各让一步，这样才能够更好地合作，通过双方的力量去"赢牌"。如果在合作的过程中其中一方不能理解、善待另一方，那么合作的过程一定不会很愉快，这样也会直接影响合作的效果。

有两个同学，毕业后一起进入演艺圈，他们都很有才华，在学校的时候就显得与众不同。两人虽然彼此惺惺相惜，却也因好强而在暗中较量。

虽然两人都毕业于戏剧学院，但一个是导演系的，一个是表演系的，因此入行后，一个当导演，一个做演员。

经过一段时间的努力，两人在工作上都表现得很出色，也各自有了一席之地。有一次，刚好有部电影可以让他俩合作，基于两人是要好的同学，而且都对彼此的才能和需求非常了解，所以爽快地答应一起合作。

这个导演对演员一向要求严格，所以在拍戏的过程之中，即使是自己的同学也毫不客气地批评、指责。而已经是名演员的老同学也有自己的见解和个性，所以片场的火药味总是很浓。

有一天，导演因为几个镜头一直拍不好，怒火中烧，对自己的老同学大发脾气："我从来没见过这么烂的演员！"

名演员一听，脸色苍白地愣住了。他走到休息室，不肯出来继续拍戏了。

后来，他们的合作受到了影响，本来可以一起携手开创事业的朋友就此反目成仇、分道扬镳。

"一个篱笆三个桩，一个好汉三个帮。"一个人不可能孤军打天下，总会有与别人携手合作的时候。要想与人更好地合作，除了要互相了解之外，还要懂得在合作的过程中包容对方。因为只有对别人有了充分地了解，才能扬其长避其短，使其有信心与你共事。但在合作的过程中每个人都有不够理智、感情用事的时候，这时候需要换位思考，学会忍受和习惯对方的脾性和行为，并接受对方的生活方式等。

从某种意义上说，"牌友"是你人生的最大财富。交到"牌友"，珍惜"牌友"，你就有了成功的可能。

大家赢才是真的赢

> 打牌的时候，你只管自己出牌，不与牌友合作，很可能输牌。要知道，只有互相取长补短，才更可能取胜。

在工作或者学习中，你的同事或者同学可能是你的竞争对手，你会担心有一天他们会超过你，所以不愿意将自己在工作或者学习中的一些好的方法、心得体会告诉他们。其实，如果你把这些东西与他们分享的话，你会更快受益，向前迈的步子更大。

袁波是一个企业的职员，他做的工作是销售。在工作的过程中，他与伙伴肖涛一直是公司里的业务骨干，他们也是一对最明显的竞争对手。在业务能力上两人不分上下，所以两个人都很受老板的器重。长期以来，袁波与肖涛都是各自不断地跑业务，各忙各的，但总没有突破自己。

袁波想和肖涛好好沟通一下，虽然是朋友也是对手，但是每个人在业务上都会有自己的办法，何不互相借鉴一下？说不定会有更大的突破。于是他主动去找肖涛，说清楚自己的想法。两人一拍即合。

他们共同研究了销售过程中的一些好方法以及遇到的一些难以解决

的问题等。通过这一次谈话，他们从对方身上吸收了一些自己欠缺的东西，于是"士气大增"，在之后几个月，两人依旧不断地交流思想和方法，他们的业绩令老板感到吃惊。在公司讲授经验时袁伟说："实际上我们需要的是大家先抛开个人的利益不谈，一起合作，一起交流，这样更有助于不断地提升，因为我们面临的真正对手是整个大市场，而不是你我。"

的确，如果在工作中我们能够这样想问题的话，就能够在与别人的合作交流中得到更好的发展，提升得更快。

当合作团体取得成功的时候，每一个人都会取得进步，这样的进步会促使每一个成员继续努力奋斗。有对手就会有压力，当别人和你一样成功的时候，你可能会不断地逼迫自己勇往直前，奋力追赶，所以进步就会快得多；别人对你无法构成威胁的时候，你的危机意识会减少，向前迈进的动力也会少很多。其实这也是为什么一个人在一个单位里已经是骨干的时候他还会离职的原因，就是因为没有一个眼前的对手。当你将自身的经验介绍给大家之后，因为有压力催你向前，所以会进步得更快。

西门和葛芬柯两个人是同乡，而且年龄相当，生日只相差三个星期。14岁时，他们同在当地的合唱团里唱和声。24岁时，他们两个有了第一张高居排行榜榜首的唱片《寂静之声》，人们认为他们会成为流行歌坛中最成功的歌手。

接着，他们创下了歌坛纪录：唱片《回家的路上》、《我是一块滚石》，脍炙人口，红极一时。影片《毕业生》中他们所唱的主题歌《罗宾逊夫人》，一经唱出，便风靡了全国。他们的唱片集《恶水上的大桥》不但赢得了5项格莱美奖，还售出了1500万张。不过，这是他们最后一次合作。

29岁那年，西门和葛芬柯两人分手了。从此，他们各走各的路。分手之后，两个人谁也再没获得当初合作时所取得的成就。

他们合作时，是西门作曲，葛芬柯演唱，也就是说，他们一个是幕后的创作者，一个是台前接受掌声的歌唱家。西门在提到《恶水上的大桥》唱片集时，表情很无奈地说："歌是由我写出来的，我也知道得由葛芬柯来演唱才行。可是，他是那样的成功、受崇拜，我却在一旁受冷落，眼睁睁地看着荣耀都堆在了葛芬柯一个人身上，心里真是承受不了。"

他们红极一时是因为合作，他们辉煌不再是因为分开。很多人都想着自己获得更大的成功是一件多么欣喜的事情，但是很多时候，通过合作才能双赢。你看到合作时的风光，于是想一个人或许更成功，但是这样想就错了，大家赢才是真的赢。所以，敞开你的胸怀吧，帮助别人也就是帮助自己，只有你的牌友赢得更多的时候，你才有更多赢的机会。

把"双赢牌"蛋糕越做越大

3人打牌，虽然互为对手，但假若两方合作也能赢牌。出牌时，让对方一分，对方才可能在关键的时候让你一分，使双方获益。

著名作家刘墉说："合作失败的人常拆伙，因为彼此责难；合作成功的人也常拆伙，因为各自居功。直到拆伙之后发现势单力薄，再回头合作，那关系才变得比较稳固。"

21世纪，合作已成为人类生存的手段。随着科学技术向纵深方向发展，社会分工越来越精细，人不可能再成为百科全书式的人物。每个人都要借助他人的智慧完成自己人生的超越，于是这个世界充满了竞争与挑战，也充满了合作与快乐。

在很久很久以前，有一个有钱的员外，他有5个不齐心合力的儿子，他们做事的时候都自己管自己，从来不互相帮助。

后来，老员外得了重病，临死之前，他把5个儿子叫到床前，又叫人拿来一大把筷子，分给5个儿子。他让人分给老二、老三、老四、老五每人一根筷子，把剩下的一大把筷子都给了老大，然后说："你们把手上的筷子都折断吧！"老二、老三、老四、老五没费多少力气就折断了筷子，老大使出了全身的力气都没把筷子折断。老员外说："你们看，一根筷子很容易被人折断，一把筷子就不容易被人折断了。这里就有一个道理，如果你们不齐心合力，就会像一根筷子一样很容易被人折断，如果你们齐心合力，就会像一把筷子一样不容易被人折断，做事情就容易成功。"

5个儿子都明白了这个道理，从此以后，做事都齐心协力，把事情做得很成功。

在人生的牌局中，你必须学会和别人合作，弥补自己的不足，取长补短，从而达到双赢。

有这样一个生意人，他收购玉米再卖给别人，从中赚取差额。第一年赚了一大笔钱，尝到了甜头之后，他第二年还做收购玉米的生意，但是第二年的生意很不好。这一方面是由于很难找到愿意将玉米卖给他的农民，另一方面是找不到愿意买他的玉米的客户。

原来，第一年做生意的时候，他不但对那些卖给他玉米的农民克扣价钱，让农民赚得很少，而且在给那些客户交玉米的时候也非常刁钻。所以打过一次交道后，不论是农民还是客户，都不愿意再跟他合作了。

如果一个人在与别人打交道的时候只顾自己赢利，就势必会让别人心生不快。所以，人要在得到东西的同时付出东西。要想成为真正的赢家，就要让与你合作的人赢。

人生如牌，打牌也要讲究双赢。

双赢是现代社会所倡导的一种合作方式。做事情的时候，考虑别人的利益，站在别人的角度考虑问题，不仅能够赢得对方的信赖和好感，还能为今后的合作打下基础。如果处处为对方着想一点，就能够获得更多的合作伙伴，自己今后的发展之路会更宽。

感情投资，掏今天的小钱买明天的大单

打牌也需要处理好感情，一个和牌友感情好、配合默契的人，总比指责牌友的人赢牌机会多；甚至那些和周围的看客关系好的人都能得到别人更多的指点。

你总会有需要别人的时候，因此，你一定要寻找机会满足别人的需求。"源头"多了，"活水"自然取之不尽，用之不竭。可以说，感情上的投资是为明天提前买单。

当周围的人遇到困难时，要帮助他扬起前进的风帆；当他失去信心时，要鼓励他点燃自信的火焰；当他感到苦恼时，要用体贴去滋润他的心田；当他取得成绩时，要提醒他准备迎接更大的成功。这样的感情投资其实是掏今天的小钱，买明天的大单。

李莉和吴菲是要好的朋友，她们一起去参加舞会。舞场上，许多男士频频与李莉共舞，在不知不觉中冷落了吴菲。李莉下意识地感觉不妥，于是借口身体不适，奉劝男士们邀请吴菲。吴菲被男士们带入了舞池，她也快乐了起来。李莉以友情为重，不想吴菲被忽视，于是机智地采取一种平衡手段，使吴菲的心灵得到抚慰，这必定会使她们的友谊更进一步。

在朋友被冷落的时候关照朋友，从朋友的角度想问题、办事情，哪怕是一件很小的事情，也会让朋友心里感到温暖，记住你的好。

为人处世，之所以提倡虚心，就是要求谨慎持守道德。做人应该舍己为人、亏己利人、薄己厚人、损己益人。

尽力照顾别人，自己也就更加充实；尽力给予别人，自己反而更加丰富。这就需要至诚，以最完美的德来辅佐这个最崇高的诚，使它感人至深。他人有恩德于你，即使是一碗饭的施舍，也不能忘记；你有恩德于他人，虽是生死之恩也不能企望报答，不能向他人提及。

孔子也说："以富贵而天下，何人不尊？以富贵而爱人，何人不亲？"意思是说：以自己的富帮助他人富的人，即使想贫穷也不可能；以自己的贵去帮助他人贵的人，想贫贱也不可能。

有人认为，求人是一种短、平、快的交易，何必花那么多的心思去搞马拉松式的感情投资呢？这种人十足的目光短浅。俗话说得好："平时多烧香，关键时刻有人帮。""晴天留人情，雨天好借伞。"真正善于求人的人都有长远的战略眼光，早做准备，未雨绸缪，这样在危急时就会得到意想不到的帮助。

有些相互仇视的对手原先是亲密的伙伴，为什么走到这一步？因为忽略了情感的投资。感情也是需要经营的，不用心经营情感，必定得不到真正的情感。其实，别人给予你感情上的投入，是希望你能够以同样的感情回报他。没有一个人会对一个不为自己投入感情的人一直付出，人与人之间的关系是相互的，你尊重他，拿他当朋友，他也会尊重你，拿你当朋友。所以，对别人要用心，付出自己的真心才可能得到别人的真心。

很多人往往会忽略双方关系中的一些细节问题，例如该通报的信息不通报，该解释的情况不解释，总认为"反正我们关系好，解不解释无所谓"，结果日积月累，形成难以化解的问题。还有一些人在关系好了之后，对另一方要求越来越高，总以为别人对自己好是应该的，但是稍有不周或照顾不到，就有怨言，由此便很容易形成恶性循环，最后损害双方的关系。

人生就像打牌一样，也需要处理好和牌友的感情，和牌友的感情好了，你赢牌的机会就会多。

成功也需要贵人助

> 牌局中，当你一筹莫展时，需要高人指点，也许只是对方简单的一句话，就能让你顿悟，打出好牌。

俗话说："七分努力，三分机运。"我们一直相信"爱拼才会赢"，但偏偏有些人付出的努力和最终的结局不成正比，究其原因，是缺少贵人相助所致。在向事业高峰攀登的过程中，贵人相助是不可缺少的一个环节。有人相助，可以使你尽快取得成功，甚至可以使你飞黄腾达、扶摇直上。

不论从事何种职业，"老马带路"向来是一种传统，目的不外乎是想奖掖后进，储备接力人才。

有些知名度较高的人之所以成名，与贵人的倾力相助是分不开的。是贵人使他们得到机会，是贵人使他们快速成长。善于接受贵人的帮助，是名人们把握机遇的关键，也是他们最终成名的原因之一。这其中的道理是容易理解的。每个人的身上都具备走向成功的条件，而如何利用这些条件，则贵人的影响很大。你接受了贵人的帮助，就好比一粒种子种入适合自己生长的土壤，得到滋养。从这个意义上讲，你的命运操纵在贵人的手中。

传说清朝乾隆年间，江南一带有个名叫张全福的人，他开了一家酒店。酒店规模很小，缺乏知名度，他的生意日益冷清。为了改变自家酒店的状况，他苦思良策，却一直未奏效。

正当他一筹莫展之时，乾隆皇帝为了体察民情，来到江南一带。乾隆边走边看，不经意间走到了张全福这家小酒店门口，便轻轻地叩击店门。门开了，张全福走了出来。当他看到乾隆时，不由得惊呆了。他心想：此人相貌堂堂，一定是位贵人，今日来到我的小店，此乃我的荣幸。于是赶忙走上前去，向乾隆行了个大礼。

乾隆坐下来，随便点了几个小菜，一边喝酒一边同张全福闲聊。两人聊得很投机。说话间，张全福就把自己店内生意不好的情况向乾隆一一诉说。乾隆看见店内冷冷清清、灰尘满地的狼藉景象，又看到张全福老实敦厚的样子，不觉动了恻隐之心。他对张全福说道："看你是个老实人，我倒想帮你一把，却不知如何相帮？"张全福思考了一会儿，说道："承蒙客官厚爱，请您帮我亲笔题写一首诗，可以吗？"

乾隆帝听后，满口应允，立即提笔写下了这样几句诗：

"江南水秀景宜人，民风富庶享太平。

小小酒店风味浓，丰肴佳馔怡人心。

若问赐墨何许人？紫禁城里寻真龙。"

张全福读了这几句诗后，顿时醒悟，高兴得手舞足蹈，大声喊道："啊！原来您就是当今的万岁爷，草民今天可遇到大贵人了。"他赶忙双膝跪地，谢主隆恩。

乾隆的诗给张全福这家小小的酒店带来了很大声誉。当此事传开之后，人们纷纷慕名前来，顾客络绎不绝，生意日益兴隆。

所以，当你处于困境或处于停滞不前的状态时，要抓住机遇，找别人扶你一把。俗话说：孤掌难鸣，独木不成桥。无论是游刃职场，还是处世做人，我们必须寻求他人的帮助，借他人之力方便自己。就像打牌，当你一筹莫展时，如果能有高人指点一二，可能你的牌就会由"山重水复"变成"柳暗花明"。

有一句歌词唱得好，"千金难买是朋友，朋友多了路好走"，在需要的时候借助别人的力量，利用他人的优势弥补自己的不足，会让你事半功倍。朋友，是一个特定的圈子，圈子虽小，作用却难以估测。

在事业、爱情等方面，人们都离不开人与人之间的相互帮助。因为个人的能力和局限，以及人际关系有所不同，必须相互借朋友之力。

在自然界中也是这样，动物们相互帮助，有利于防备捕猎、取暖和生殖。而耍单的动物，被淘汰者居多，无论其多么凶猛强悍。群居动物（相互利用了对方的长处和力量，哪怕是极微弱的力量）则容易繁衍和生存，如蚂蚁、蜜蜂等。

就社会和自然状况来看，孤单者是斗不赢拉帮结派者的。一个人如果没有朋友，没有别人的帮助，他的境况会十分糟糕。普通人如此，成就大事业的人更是如此。如果失去了他人的帮助，不能利用他人之力，任何事业都无从谈起。

当然，我们在借力的时候要考虑到施与受的平衡关系，不要忘记自己也要帮助别人。当你遇到可能对自己有帮助的人时，应当在能帮他的时候帮他一把，这样才能够为自己积蓄力量，让别人在关键时刻帮自己一把。

和对手发展发展关系

> 打牌的时候，不要狭隘地认为对手就是敌人，要有以对手为师的心态，推敲并学习他打法中的精华，为自己增添实力。

说起对手，很多人的感觉是：不是你死，就是我亡。真的是这样吗？答案是否定的。其实我们和对手也可以达到双赢，我们不一定必须排斥对手；相反，我们很有必要和对手发展好关系，尤其是在对手需要帮助的时候，要扶对手一把。

1936 年柏林奥运会上的一幕让很多人难以忘怀。当时田径赛的最佳选手是美国的杰西·欧文斯，在纳粹一再叫嚣把黑人赶出奥运会的

声浪下，欧文斯鼓足勇气报名参加此次运动会的 100 米跑、200 米跑、
4×100 米接力和跳远比赛。在这 4 个项目中，德国只在跳远项目上有一
位优秀选手可与欧文斯抗衡，他就是鲁兹·朗。希特勒亲自接见鲁兹·朗，
要他一定击败欧文斯——黑种人的欧文斯。

跳远预赛那天，希特勒亲临观战。鲁兹·朗顺利进入决赛。轮到欧
文斯上场了，但场外种族歧视的声音使他很紧张。他第一次试跳便踏线
犯规；第二次他为了保险起见，在离起跳板很远的地方便起跳了，结果
成绩非常糟糕；还有最后一跳，欧文斯一次次起跑，一次次迟疑，不敢
完成最后一跳。

这时希特勒退场了，他认为这个黑种人已经没有任何机会。在希特
勒退场的同时，鲁兹·朗走近欧文斯，告诉他自己也曾遇到同样的情形，
结果只用了一个小窍门就解决了。鲁兹·朗取下欧文斯的毛巾放在起跳
板后数厘米处，说起跳时注意那个毛巾就不会有太大误差了。结果，欧
文斯几乎破了奥运会的纪录。

几天后决赛，鲁兹·朗率先破了世界纪录，但随后欧文斯以微弱
优势战胜了他。贵宾席上的希特勒脸色铁青，看台上本来民族情绪高
昂的德国观众也变得情绪低落。这时鲁兹·朗拉住欧文斯的手，一起
来到聚集了 12 万德国人的看台前，他将欧文斯的手高高举起，高声喊
道："杰西·欧文斯！杰西·欧文斯……"看台上先是一阵难挨的沉
默，然后是突然爆发的齐声呼喊："杰西·欧文斯！杰西·欧文斯……"
欧文斯举起另一只手来答谢。等观众安静下来以后，欧文斯举起鲁兹·
朗的手，竭尽全力喊道："鲁兹·朗！鲁兹·朗……"全场观众也同时
响应："鲁兹·朗！鲁兹·朗……"没有诡谲的政治，没有种族的歧视，
没有狭隘的嫉妒，选手和观众都沉浸在君子之争的感动之中。

杰西·欧文斯创造的世界纪录保持了 24 年。他在那届奥运会上荣获

4枚金牌，被誉为世界上最伟大的运动员之一。多年后，杰西·欧文斯在回忆录中真诚地说，他所创造的世界纪录终究会被打破，但鲁兹·朗高高举起他手的那一幕却会永远被历史牢记。在杰西·欧文斯被载入史册的同时，鲁兹·朗也被载入了史册。

然而，很多人无法这样看待对手。在他们看来，对手和敌人往往只有一线之隔，甚至是一体两面，因而对手也很容易被引申为仇人。很多人会带着各种情绪来看待对手。

我们从对手身上得到的学习机会虽然没有那么直接、明显，但仅仅是承受他们带给我们的压力，就已是很宝贵的机会了。不要掺杂太多情绪化的东西，要冷静地观察对方，客观地审视自己，唯有这样，才能在与对手交手的过程中学到东西。对方要打败你，一定是倾囊而出，精锐毕到。他使出浑身解数的时候，也就是传授你最多招数的时候。就像每天要照镜子一样，你每天都要仔细盯紧这个对手，好好欣赏他，向他学习。最好的学习，永远来自于你和他交手、被他击中的那一刻。打牌的时候也是如此，如果你有以对手为师的心态，那你就会为自己增添实力。

对手，是失利者的良师。有竞争就有输赢。其实，高下无定式，输赢有轮回。曾经败在冠军手下的人，最有希望成为下一场赛事的冠军。只因败者有赢者做师，取人之长，补己之短，为日后取胜奠基。更有一些智者，一番相争之后，便能知己知彼。

对手，是同"剧组"的搭档。人生在世能够互成对手，也是一种缘分，仿佛同一个分数中的分子、分母。结局往往只有赢多赢少之别，并无绝对胜败之分。角色有主有次，登台有先有后，掌声有多有少，但彼此相依，缺了谁戏都演不成。同在一个领导班子中也是如此，携手共进，共创佳绩，方可交相辉映。倘若相互拆台，要么被赶出"剧组"，要么大家偃旗息鼓，落得个一损俱损。

孟子说："出无敌国外患者，国恒亡。"奥地利作家卡夫卡说："真正的对手会灌输给你大量的勇气。"善待你的对手，尤其是在必要的时候，扶对手一把，方尽显品格的力量和生存的智慧。

有了对手，才会有危机感和竞争力；有了对手，你便不得不奋发图强，革故鼎新，锐意进取，否则，就只有等着被吞并、被替代、被淘汰。

许多人都把对手视为心腹大患、眼中钉、肉中刺，恨不得除之而后快。其实只要反过来想想，便会发现，拥有一个强劲的对手，是一种福分、一种造化，所以，在牌局中，每个人都要善待牌友，从不同的角度看待牌友。